身心灵魔力书系　情感丛书

SHEN XIN LING MO LI SHU XI QING GAN CONG SHU

郑丽娜 / 著

D/E/V/E/L/O/P/M/E/N/T/ P/O/W/E/R

中国出版集团　现代出版社

图书在版编目(CIP)数据

发展力:孤帆一片日边来 / 郑丽娜著. —北京 : 现代出版社, 2013.11
(2021.3 重印)
(身心灵魔力书系)
ISBN 978-7-5143-1823-4

Ⅰ. ①发… Ⅱ. ①郑… Ⅲ. ①科学技术-技术发展-世界-青年读物
②科学技术-技术发展-世界-少年读物 Ⅳ. ①N11-49

中国版本图书馆 CIP 数据核字(2013)第 273966 号

作　　者　郑丽娜
责任编辑　肖云峰
出版发行　现代出版社
通讯地址　北京市安定门外安华里 504 号
邮政编码　100011
电　　话　010-64267325 64245264(传真)
网　　址　www.1980xd.com
电子邮箱　xiandai@cnpitc.com.cn
印　　刷　河北飞鸿印刷有限责任公司
开　　本　700mm×1000mm　1/16
印　　张　11
版　　次　2013 年 11 月第 1 版　2021 年 3 月第 3 次印刷
书　　号　ISBN 978-7-5143-1823-4
定　　价　39.80 元

前言 PREFACE

为什么当今时代的青少年拥有幸福的生活却依然感到不幸福、不快乐？怎样才能彻底摆脱日复一日的身心疲惫？怎样才能活得更真实快乐？

在英国最古老的建筑物威斯敏斯特教堂旁边，矗立着一块墓碑，上面刻着一段非常著名的话：当我年轻的时候，我梦想改变这个世界；当我成熟以后，我发现我不能够改变这个世界，我将目光缩短了些，决定只改变我的国家；当我进入暮年以后，我发现我不能够改变我们的国家，我的最后愿望仅仅是改变一下我的家庭，但是，这也不可能。当我现在躺在床上，行将就木时，我突然意识到：如果一开始我仅仅去改变我自己，然后，我可能改变我的家庭；在家人的帮助和鼓励下，我可能为国家做一些事情；然后，谁知道呢？我甚至可能改变这个世界。

的确，在实现梦想的进程中，适当缩小梦想，轻装上阵，才有可能为疲惫的心灵注入永久的激情与活力，更有利于稳扎稳打。越是在喧嚣和困惑的环境中无所适从，我们越觉得快乐和宁静是何等的难能可贵。其实"心安处即自由乡"，善于调节内心是一种拯救自我的能力。当人们能够对自我有清醒认识，对他人能宽容友善，对生活无限热爱的时候，一个拥有强大的心灵力量的你将会更加自信而乐观地面对现实，面向未来。

本丛书将唤起青少年心底的觉察和智慧，给那些浮躁的心清凉解毒，进而帮助青少年创造身心健康的生活，来解除心理问题这一越来越成为影响青少年健康和正常学习、生活、社交的主要障碍。本丛书从心理问题的普遍性着手,分别描述了性格、情绪、压力、意志、人际交往、异常行为等方面容易出现的一些心理问题,并提出了具体实用的应对策略,以帮助青少年朋友科学调适身心,实现心理自助。

目 录 CONTENTS

第三章　学习是发展的根本

第四章　创新是发展的手段

第五章　自信是发展的灵魂

第六章 积极促进发展

第七章 勤奋是发展的过程

第一章 选择确立发展的目标

哈佛大学有一个非常著名的关于目标对人生影响的跟踪调查，调查对象是一群智力、学历、环境等条件都差不多的年轻人，调查结果如下：3%的人有清晰且长期的目标，25 年来，他们从未改变过目标，总是都朝着同一个方向不懈地努力，25 年后，他们几乎都成了社会各界的顶尖成功人士，他们中不乏创业者、行业领袖和社会精英。

一、有目标才能发展

每个人都应该有自己的目标，正如这样一句话："目标是人生的指南针，指引着人们发展的脚步。"

然而，在许多人的身上却看不到他所追求的目标，这些人总是生活在混沌和盲目之中，纵使耗尽精力，也跟成功无缘。没有目标的人生犹如一艘没有方向的油轮，在燃尽油料之后最终也无法抵达彼岸。由此，渴望成功的青少年们应当养成确立目标的习惯，调整自己的步伐，向成功冲刺。

拿破仑·希尔在《思考与致富》一书中写道："一个人做什么事情都要有一个明确的目标，有了明确的目标便会有奋斗的方向。"这样一个常识性的问题看起来简单，其实具体到某一个人头上，并非就是那么容易。

目标，也就是既定的目的地，我们理念中的终点。

对于组织，目标是告诉人们做什么事，做到什么程度。其结果是：用不着持续的教育和指导，就能完成此事。这颇像建筑物的设计图样和说明，能清楚地告诉建筑工人，做了多少事，还有多少事没有完成。

聪明的人，有理想、有追求、有上进心的人，一定都有一个明确的奋斗目标，他懂得自己活着是为了什么。因而他所有的努力，从整体上来说都能围绕一个比较长远的目标进行，他知道自己怎样做是正确的、有用的，否则就是做了无用功，或者浪费了时间和生命。

愚蠢的人，没有什么理想、追求；没有上进心的人，一生便没有什么目标。他同别人一样活着，但他从来没有想过活着有什么意义。

这种人往往凭惯性盲目地活着，从来不追究人生的目的，这种让人头疼的事情，他们只是为活着而活着，怎么都可以，对什么都无所谓。

显然,成功者总是那些有目标的人,鲜花和荣誉从来不会降临到那些没有目标的人头上。

许多人怀着羡慕、嫉妒的心情看待那些取得成功的人,总认为他们取得成功的原因是有外力相助,于是感叹自己的运气不好。殊不知,成功者取得成功的原因之一,就是由于确立了明确的目标。

费罗伦丝·查德威克是第一个游过英吉利海峡的女性。她曾经对那次游泳做出这样的解释:“我深深地记得,那是 1952 年 7 月 4 日清晨,当天岸笼罩在一片浓雾之中。那一年,我 34 岁,那天,我如果游过去,那么我将是第一个游过这个海峡的妇女,可惜的是那一次我失败了。

“那天早晨,海水冻得我的身体发麻,雾很大,我几乎看不见护送我的船。时间一小时一小时地过去,我一直不停地游。15 个小时后,我又累又冷。我知道自己不能再游了,就叫人拉我上船。我的母亲和教练在另一条船上,他们都告诉我离海岸很近了,叫我不要放弃。但我朝加州海岸望去,除了茫茫大雾,什么也看不到。又过了几十分钟,我叫道:我实在游不动了。当他们把我拉上船来,几个小时后,我渐渐暖和多了,这时却开始感到失败的打击,我不假思索地说:“说实在的,我不是为自己找借口,如果当时我能看见陆地,也许我能坚持下来。”

“其实,那个时候,我离加州海岸只有半英里!但令我半途而废的不是疲劳,也不是寒冷,而是因为我在浓雾中看不到目标。就是因为我没有看到目标,所以我失败了,这也是我一生中唯一一次没有坚持到底的事。

“不过,在两个月后,我成功地游过了同一个海峡,同时我还是第一个游过卡塔林纳海峡的女性,而且比男子的纪录还快两个小时。”

查德威克虽然是一个游泳好手,但她也需要有清楚的目标,才能激发持久的动力,才能坚持到底。

由此,我们可以看出,任何一个人都需要拥有一个目标,只有在目标的指引下,我们才能走向成功。有了目标,我们就能有更大的干劲,有更加持久的力量。

所以,拥有目标的好处在于,我们只有知道自己的目标在哪儿,才能走上正确的轨道，奔向正确的方向，并拥有强大的动力。有了目标，即使在做一件最微不足道的事情，也都会有其意义，在工作中，往往有员工没有目标，而使工作变得乏味，使生活也变得不再有意义。而有目标的人在生活中总是能够创造价值最大化，获得更长远的发展。

我们再来看看下面这个例子，著名的哈佛大学商学院对于个人的人生目标，做了个实验，这是他们对一群青年人的人生目标的跟踪调查，结果是30%的人有十分清晰的长远目标，25年后发现这些人成了社会各界的精英、行业领袖；10%的人有清晰但比较短期的目标，25年后是各专业各领域事业有成的中产阶级；60%的人只有模糊的目标，因此胸无大志、事业平平；27%的人毫无目标，则是生活于底层，入不敷出。

由此可以看出，目标对于我们来说是多么的重要。所以，要实现理想，就要制定并且达成一连串的目标。每个重大目标的实现都是一个个小目标、小步骤实现的结果。一个人如果一直都集中精力于当前的工作，明白自己现在的种种努力都是为实现将来的目标铺路，那么他一定能成功。

每个人都渴望成功，然而成功需要定义一个“成功的界面”，这个界面就是人生目标，当你有了一个明确的目标时，才能更快地向前方发展，因为目标是所有发展的出发点。

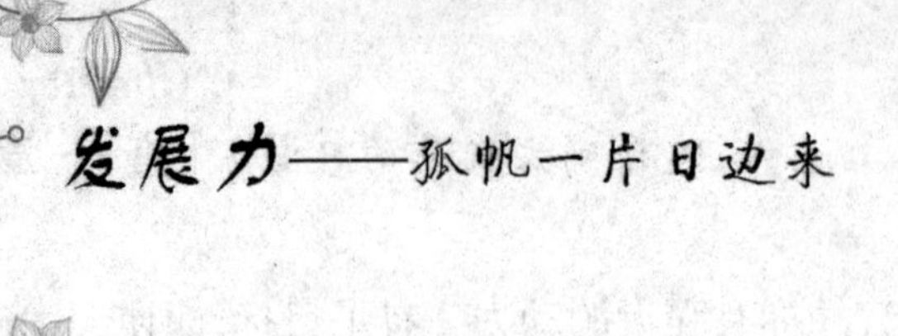

二、清楚地认识自己

当你的朋友问你:你认识自己是怎样的一个人吗?面对这个问题,你将如何回答?也许你会把自己好的一面完全说出来,并且去屏蔽那些坏的地方,但是你真的能清楚地认识自己吗?有些人会这样说,我不需要认识自己是怎样一个人,只要认识别人是怎样的人就可以了。事实真的如此吗?不。认识自己在某些时候比认识别人更加重要。认识自己,它时刻提醒着我们把握自我、设计自我、实现自我。

任何一个人想取得成功,必须从认识自己开始。把自己看得越准确、越透彻的人,他选择的道路就会越正确,自己的潜力就越能发挥出来,成功的可能性就越大。美国的女影星霍利·亨特在清楚地认识到了自身以后,开始根据自己的情况来选择自己所走的路。在经纪人的指导下,她根据自己身材娇小、个性鲜明、演技极富弹性的特点给自己做了新的定位,最终通过一些影片,夺得了戛纳电影节的“金棕榈”大奖和奥斯卡大奖。

能够正确地认识自己,是件幸运的事。因为你能正确地认识自己,所以你离成功总是比那些对自己不了解的人近。认识自己,并非只有那些天才才能拥有的能力,我们周围有许多平凡的人物,他们做自己喜欢的事,活得自在,活得快乐,这也是一种成功。一个人在某些方面不行,并不代表他在其他方面也不行,你可能解不出许多数学难题,或记不住许多外文单词,但你在处理事务方面却有特殊的本领,能知人善任、排难解忧,有高超的组织能力,所以当你能认识到自己的时候,你的生活也就快乐、幸福了。

一位名人曾说过这样的话:“当你认识清楚自己后,如果你能扬长避短，认准目标，抓紧时间把一件工作或一门学问刻苦认真地做下去，久而久之，自然会结出丰硕的果实。”

认识自己对于任何人来说都是很重要的，它不仅是一种对自我的认识或者自我意识的能力，还是一种可贵的心理品质。自我认识或自我意识，从字面来看，我们可以理解为对周围事物的关注以及对自己行为各方面的意识或认识，它包括自我观察、自我评价、自我体验、自我控制等形式。

认识自己，还告诉人们这样一个道理：看清自己的优点与缺点，不要过高吹捧自己，当你把自己的能力过于高估时，很容易遭受挫折。

张际是一个很成功的企业家，在他没成功之前，时常和朋友聚在一起，但他成功之后，很快就变了，和朋友的距离越来越远，而且骄傲的情绪慢慢地聚在了他的身上，好景不长，一段时间后，他失败了。但是，一段时间后，他清楚地认识了自己，所以现在他又再一次地站了起来，那些骄傲的情绪和不良的心态也已经远离了他，他和那些朋友的关系也更好了。

是啊，有许多成功的企业家之所以先成功后失败，就是因为没能很好地认识到自己，没能把现在的自己和原来的自己联系起来。这种现象是很容易出现的，当你成功的时候你周围的人对你的吹捧会使你骄傲自大，但是那些经受过挫折和明智的人永远是以自己心中的自我为基准，绝不在乎别人的吹捧，所以他们能长久地发展下去。

正如我的一位朋友说过的话一样：“当你一切都顺利，平步青云时，你更应该时刻警诫自己保持头脑的清醒，因为那是一个人最能滋生骄傲情绪，走向极端的时候，所以，成功时不能目中无人、目空一切。”

有这样一个人，他在上学时有口吃，为此他经常受到同学的嘲笑和捉弄。到了初中时，他发现自己非常喜欢体育运动，并且在舞蹈、杂技、体操和跳水方面有很好的天赋。认清这些之后，他开始专注于长跑、杂技、体操和跳水方面的锻炼，以期脱颖而出，赢得同学们的尊重。由于他的天赋和努力，他开始在各种体育比赛中崭露头角。

但是到了高中以后，他又发现自己在长跑、杂技、体操和跳水方面并不是很突出，因为他没有更多的时间和精力去锻炼每一项运动，于是他花了很长时间去选择自己最有天分和最喜欢的运动。幸运的是，他遇到了一位伯乐，这个人是一个长跑教练，在对他观察了一段时间后，发现他很适合在长跑方面发展，于是他专心投入到了长跑训练中去。经过专业训练和长期不懈的努力，他在长跑方面取得了骄人的成绩。

从上面的例子当中，我们看到的不是什么大人物，但我们由此知道了一个人要实现自己的人生价值，就得正确地认识自己，珍惜有限的时间，选择最适合自己的事情去做。

认识自己，不管是在逆境中还是顺境中都很重要。现实生活中，我们不管是在怎样的环境里都一样会迷失方向，是逆境中还是顺境中都没有什么区别。当我们面对困难和挫折时，大部分人能够认识到自身的能力和优势，正是这样，所以他们能分析清楚失败的原因，再经过认真的思考，最后坚定信心，就地爬起再创辉煌。另外一部分人，他们面对挫折和困难时，由于没有清楚地认识自己，所以他们总是怀疑自己，认为自己没有能力，最终等待他们的将是难成大志。

每个渴望成功的人都在寻找自己的发展之路，当你发现自己至今都还很迷茫时你就要去认识自己，只有对自己每个方面都有清楚的认识，你才能看清前方发展之路。

三、找到自己的舞台

一个好的舞蹈家，只有在舞台上才能更好地表现出来。一个有才识的人，也只有找到自己的舞台，才能更好地发挥自己的才能。

有这样一句话：每一个渴望成功的人都应该为自己做出一个明确的定位，脚踏实地地向着这一目标迈进，成为一个有创造力的人。如果你不为自己做出一个准确的定位，你是绝不可能取得成功的。事实也正是如此，我们看看福特先生的例子。

福特先生在很小的时候，就在头脑中构想有一天能够用在路上行走的机器代替牲口和人力，而父亲和周围的人都说他是一个梦想家，只做一些不可能实现梦。可福特仍然坚持自己的梦想，做一名机械师。福特用了 1 年的时间完成了其他人需要 3 年的机械师训练，随后又花了两年多时间研究蒸汽原理，试图实现他的目标，但未获成功；后来他又投入到汽油机研究上来，每天都梦想制造一部汽车。他的创意被大发明家爱迪生所赏识，邀请他到底特律公司担任工程师。

经过 10 年的努力，在福特 29 岁时，他成功地制造了第一部汽车引擎。我们想想如果福特听从了父亲的安排，那么世间便少了一位伟大的工业家。

拿破仑曾经说过这样的话："不想当将军的士兵永远不是好士兵。"他要告诉我们的就是：只有你把自己定位在将军的位置上，你才能有所追求而成为优秀的士兵，然后才有可能成为将军。现实当中也确实如此，如果我们把自己定位在一个好的方向，那么，我们最终就会向着这个方向而发展。

生存于世，如果没有好的定位，就没有宏大的目标，就做不成任何大事，要想一生取得辉煌的成就，就需要给自己一个好的定位。人的兴趣、才能、素质等都是因人而异的。如果你不了解这一点，没有把自己的特长利用起来，而你从事的职业所需要的素质和才能正是你所缺乏的，那么，你将会自我埋没。反之，如果你有自知之明，善于设计自己，从事你最擅长的职业，你就可能获得成功。

有一句话说得不错：条条道路通罗马。通往罗马的路不止一条，但每一条路都会有不同的走法，所以你必须找出你正在行走的这条道路的正确路线，这样你才能成功地到达罗马。

著名的生物学家珍妮·古多尔是一位非常善于自我定位的人，她清楚地知道，自己并没有过人的才智，但在研究野生动物方面，她有超人的毅力、浓厚的兴趣，而这正是干这一行所需要的。所以她没有去专攻数学、物理学，而是深入非洲森林里考察黑猩猩，经过努力，最终成为一个在研究大猩猩领域有所成就的科学家。

对于大多数成功者来说，为了获得人生的成功，有必要更多地了解和更准确地认识自己的心理特点，更多地了解自己的长处和短处。不管是从事何种职业的人，都必须认识自己的潜能，确定最适合自己的发展方向，否则很可能埋没了自己的才能。

定位就是对角色的认知。作为个体的我们，应该有自己合理的社会角色定位，在了解自己个性特色的基础上，把自己放在应该放置的位置上。

定位的前提是确定自己的性格、气质、天赋和对工作要求的理解。但是，许多人因为自己不够自信，经常不能给自己一个合理的定位。实际上，人在许多时候产生自卑感并不是因为你真的很失败，只是你定位不准确罢了。而且也并不是定位越低就越有自信，而是应该准确定位。准确定位的目的是为了使你接受自己，在这个位置上，使自己有成功的体验，这是一个人建立自信的因素。如果你的位置定得太低，你就没有继续上进的内驱力，就像麦当劳兄弟，结果可能使你因为后悔而自卑。定位太高，你会觉得自己常常失败，不能认同自己，更无成功的可能。

我在许多书上看到一些知名企业，他们在招聘员工时，会对求职者做一番个性测试。因为他们知道，必须把不同个性的人放在最合适的岗位才能发挥其最大的潜能。正确认识自己，才能充满自信，才能使人生的航船不迷失方向。正确认识自己，才能确定一生的奋斗目标。只有确立了正确的人生目标并充满自信地为之奋斗终生，才能此生无憾，即使不成功，自己也会无怨无悔。

事实也确实如此，在人生中有许多烦恼都是源自我们盲目地和别人攀比，而忘了享受自己的生活、找到自己的定位。

要走什么样的路是自己的选择，因此，不要忽视你的舞台在哪，只有找到适合自己的舞台才能把握自己的人生。不管是从事何种职业的人，都必须认识自己的潜能，确定最适合自己的发展方向，否则很可能埋没了自己的才能。

四、树立一个明确的目标

一个明确的目标是成功的关键。没有明确的目标，行动起来也就有很大的盲目性，就有可能浪费时间和耽误前程。生活中有不少人，有些甚至是相当出色的人，就是由于确立的目标不明确、不具体而一事无成。目标明确了，我们就能更好地与人沟通。

一个人有了生活和奋斗的目标，也就产生了前进的动力。因而目标不仅是奋斗的方向，更是一种对自己的鞭策。有了目标，就有了热情、有了积极性、有了使命感和成就感。

一个人确定的目标越远大，他取得的成就就越宏伟。远大的目标总是与远大的理想紧密结合在一起的，那些改变了历史面貌的伟人们，无一不是确立了远大的目标，这样的目标激励着他们时刻都在为理想而奋斗，结果他们成了名垂千古的伟人。

拿破仑·希尔说："没有目标，不可能发生任何事情，也不可能采取任何步骤。如果个人没有目标，就只能在人生的路途上徘徊，永远到不了任何地方。"

如果一个人没有自己的定位和远大目标，那么凡事只能停留在思考阶段，永远也会成功。

只要我们能够对自己有个正确的定位，我们就可以扬长避短，为最终的持续发展建立优势。只要我们对自己有正确的定位，我们就可以持续地保持工作热情。另外，如果我们定位准确，还可以集中自己所拥有的资源，增强自身的竞争能力；如果我们定位准确，我们还可以抗衡外来干扰，保证目标的专一；如果我们定位准确，我们还能发挥自己的能力，使自己所从事的工作与企业发展的步伐相一致,从而使双方达到双赢。

一个明确的目标是成功发展的关键。没有明确的目标,行动起来也就有很大的盲目性,就有可能浪费时间和耽误前程。生活中有不少人,有些甚至是相当出色的人,就是由于确立的目标不明确、不具体而一事无成。目标明确了,我们就能更好地与人沟通。

一个人有了生活和奋斗的目标,也就产生了前进的动力。因而目标不仅是奋斗的方向,更是一种对自己的鞭策。有了目标,就有了热情、有了积极性、有了使命感和成就感。

一个人确定的目标越远大,他取得的成就就越宏伟。远大的目标总是与远大的理想紧密结合在一起的,那些改变了历史面貌的伟人们,无一不是确立了远大的目标,这样的目标激励着他们时刻都在为理想而奋斗,结果他们成了名垂千古的伟人。

拿破仑·希尔说:“没有目标,不可能发生任何事情,也不可能采取任何步骤。如果个人没有目标,就只能在人生的路途上徘徊,永远到不了任何地方。”生命本身就是一连串的目标,没有目标的生命,就像没有船长的船,这船永远只会在海中漂泊,永不会到达彼岸。

海夫纳1926年4月29日出生在一个犹太人家里。他的父亲在美国的一家铝制品公司工作,而母亲只是一个家庭妇女,所以家里的收入不算多,一家人的生活也过得不太富裕,只能是清清贫贫。

转眼海夫纳中学毕业了,他也不想再读书了,当时正是第二次世界大战激烈之时,他说服了父母,带上自己的行李应征参军了。

海夫纳是幸运的,1945年大战结束后,完好无缺的海夫纳退役了。由于当时美国规定持有军方推荐的证件,军人可以优先进入大学。海夫纳拿着证明又一次走进了大学。他在大学期间,美国一位姓金的博士发表了关于女性行为的文章,在社会上引起了轰动。海夫纳对金博士的文章也很感兴趣,从此他经常阅读关于女性方面的文章。而且海夫纳现在所做的一切,也为他以后的事业打下了很好的基础。

事实上,我们在许多书上都会感觉到,犹太人有一种普遍的特性,他们从青少年期间就开始树立自己的人生目标,在以后的日子里将会千方百计地为达到目标而奋斗。

1949 年海夫纳大学毕业了,在芝加哥一家漫画公司找到了一份工作,每月仅 135 美元的工资,在当时,他的收入是很低的,所以他仍然住在父母的房子里,甚至结婚后的很长一段时间没有自己的房子。

因为在美国,男人一般成人后或参加工作后,都会搬离父母家,单独在外居住,可海夫纳收入不多交不起房租,所以只好住在父母家里,因此海夫纳遭到了很多人的嘲笑,可是海夫纳并没有感到悲伤。

对于在心里早就确立了奋斗目标的海夫纳来说,他并不是一个很守旧的人,他在漫画公司工作了一年多后,经过四处寻找,终于找到一家叫《老爷》的杂志社聘用他,每月的工资是 240 美元。其实对于海夫纳来说,他找这份工作的真正原因并非是为了多出的 100 多美元,他的目的是在这家公司学习经营手法和熟悉杂志市场。

1951 年的海夫纳已经对《老爷》杂志的运作了如指掌了,那时他要求加工资,但老板不答应。于是,海夫纳离开了这家杂志公司,开始了自己的创业。他也决定办一种和《老爷》差不多的杂志,要让《老爷》成为过去。可是海夫纳毫无资本来运作杂志社,所以,他的创业成了梦想,让他搁置了起来。为了生活、为了创业,他又到了另一家杂志社工作,此时他的工资已经达到了每月 400 美元。

一段时间以后,海夫纳又开始了他的创业路程,这次,海夫纳从父亲那里借了几百美元,另外从银行又贷了 400 美元,加起来刚好 1000 美元,海夫纳认定了自己的目标,所以决定用这点钱作为本钱,办一本叫《每月女郎》的杂志。由于他在《老爷》杂志那儿学到了很多经验,所以他做起来很顺利,第一期就卖出了 5 万多册。

为什么会这么畅销呢?原来,海夫纳在创刊号时就搞了一个大手笔,他把仅有的 1000 美元中的 500 美元用来买了一个金发女郎的裸照。大家都知道美国是个自由社会,所以对性的强调达到了令人难以置信的地步,裸照也得到了认可。

而且，海夫纳的杂志是以裸照为主的一本画册，正好迎合了当时美国社会的潮流，所以他的第一本杂志畅销无比。比《老爷》有过之而无不及，因为他比《老爷》更加开放。

后来，因为《老爷》杂志的原因，海夫纳把《每月女郎》改成了《花花公子》，海夫纳的杂志非常受欢迎。十多年过去了，海夫纳的《花花公子》杂志达到了发行量的巅峰，每期的销量高达650万册，而此时的海夫纳也成了世界有名的出版界富豪。

从上面的例子，我们可以得到这样一个启示，世界上的所有成功者都有一个共同的特点，那就是他们都拥有人生的明确目标规划。为了达成他们的目标，他们反复思考，努力实践，他们在积极地向自己的目标发展时，赢得了精彩的人生。

一个人只要活着就应该不断地挑战新的目标，如果你没有这种勇气，那么你以后的人生将会变得毫无意义。世界上的所有成功者都有一个共同的特点，那就是他们都拥有人生的明确目标规划。

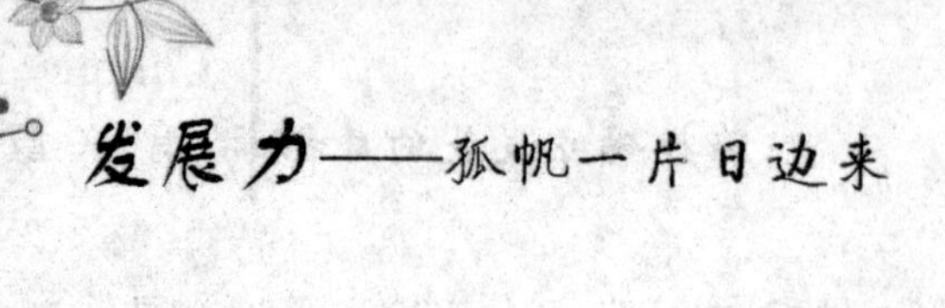

五、走自己喜欢的路

我们每一个人都有自己喜欢的路要走,我曾在一本书上看到这样一段话:“我们每个人都有自己的本质和需要,你必须根据自己的本质和需要,选择自己能完成的目标。用自己的双脚,踏出光明的前程。这就是成功的人生。”

是啊,人生都是多姿多彩的,每个人所做的梦都是不同的,你有你自己的需要、希望、价值观和优点,这是你的本质。如果你违背自己的本质,去做那些自己不愿意做的事情,那你的梦对于你来说将是一个噩梦,无论你如何去改变都得不到幸福、快乐。

成功、快乐、幸福的人生,是从认清自己开始的。当认清自己以后才能更好地决定自己的目标,知道自己想要什么,才能迈着前进的步伐为实现这个目标去努力。

任何一个人从出生时就有了一种使命,这种使命就是去完成自己应该完成的任务。这个任务需要你用心灵之眼观看,如果你不清楚自己的任务是什么,不明白自己的需要,那么很可能做出完全和自己需要相反的选择,最后你只会与你的目标越来越远。

我们来看看下面几个例子:

伦琴原来是学工程科学的,但是他在老师孔特的影响下,进入了物理学,从此他一发不可收,因为他在物理实验中逐渐体会到:这就是最适合自己干的行业。后来,他果然成了一位卓有成就的物理学家。

法国生物学家拉马克,由牧师转入军界然后再走出军界做了银行职员,之后又进入音乐研究和医学界。最后他遇到了卢梭,并通过卢梭认识到自己所需要的是什么，从此，他才进入了大有用武之地的生物科学界。

阿西莫夫是一位科普作家，也是一位自然科学家。他的成功，得益于对自己的再认识、再发现。一天上午，当他坐在打字机前打字的时候，突然意识到："我不能成为第一流的科学家，却能够成为第一流的科普作家。"于是，他几乎把全部精力都放在了科普创作上，终于使自己成为当代世界最著名的科普作家。

看看上面这些名人，他们都是经过重新给自己定位而取得令人瞩目的成就。我们为什么不去好好想想自己现在所处的位置是不是自己最想要的呢？现在许多人都在自己并不喜欢甚至厌恶的岗位上工作着，干自己并不愿意干的工作。所以说，与其折磨自己，空耗人生，倒不如早做决断，另起炉灶。这样你获得成功就会更容易。

有一位成功者这样说过："当你对自己生活不满意时，那么，这种生活就不是你自己的需要，虽然你现在所从事的工作使你应有尽有，但你自己所做的并不是你想要的。"我非常同意这位成功者的说法。

其实，我们都明白这样一个道理：人生的路有很多条，并不是任何一条路都是最适合自己的。聪明的人，总是对自己有一个很好的认识，我们常常会说这样的话：你也不照照镜子看着你咋样。在现实生活当中，这句话告诉我们的是让我们真正认识自己。

每个人都有着自己的使命，当我们清楚地认识自己的使命时，我们才能活得更加快乐，更加幸福。有人适合做将军，有人适合当士兵。如果适合做士兵的人以做将军为人生目标，这虽然是一种很远大的目标，但你需要拥有做将军的才能，如果没有这种才能，那么想做将军的想法只会使你一生痛苦不堪，受尽挫折。

一个人的成功在某种程度上取决于自己的正确定位。如果我们在心目中把自己定位成什么样的人，最终就有可能成为心目中所想象的人。因为定位能决定人生，定位能改变人生。我记得这样一段话："当失败者发现自己身陷一个前景暗淡的环境时，他们就会迷失方向，他们不会更加努力，用更长的时间、更多的精力来加以扭转，而是让生命白白地消耗掉。

一个真正的成功人士认为一个人的成功秘诀就是:一刻不停地拼命工作,把工作做得比别人好,名望和财富自然会来到自己身边。但对于我们平常人来说,这不是真正的成功秘诀,我们只有知道自己最喜欢什么和最擅长什么,才能对自己有一个合理的定位,才能做出合理的选择。如果我们选择了一条不适合自己的道路,走上了一个不适合自己的岗位,我们就不可能走向成功。"事实也确实如此。

是啊,成功者之所以成功,关键是掌握了自身的优势,并加倍强化这种优势,完全投入到自己所喜欢的工作之中,让工作兴趣与爱好引导自己迈向成功。

在人生的道路上,你可以一次选择到使自己能获得成功的路,但这是极少数的人,因为他们选择的道路是出于个人的兴趣、爱好和毅力,并且较好地把握了"自知之明"。对于更多的人来说,并不是一下子就能认清自己的本质,选准努力的方向。他们只有经历两次或多次的认识、再认识,才能找到属于他们自己的奋斗目标,向着成功的大道发展。

定位能决定人生,定位能改变人生。通往成功发展之路不止一条,而每条路也不止一种走法,你必须找到你正在行走的这条路的正确走法,这样你才能畅通无阻地到达彼岸。

六、有目标才能做真实的自己

每个人都需要有一个目标，有了目标才能向着成功发展，有了目标才能确立自己的人生地位，有了目标才能做一个更真实的自己。我们还需要注意一点，这个目标的确立，一定要根据自己的实际情况来确定，要能够发挥自己的长处。如果目标不切实际，与自己的自身条件相去甚远，那就不可能达到。为一个不可能达到的目标而花费精力，同浪费生命没有什么两样。

在实现理想的道路上，不管存在怎样的艰难险阻，我们最终都能达到目标，完成自身的人生使命。只要我们的想象——理想是合理的，结果就会成为我们所希望的那样，成为我们本来应该的那样。只要我们牢记理想，坚忍不拔，我们就会成为实现自己理想的人，成为一个尽善尽美的人。

高峰出生在一个医生世家，他在上学期间，对医学研究专心致志，并且积极从事实践活动。

高峰曾经回忆道："小时候父亲对我的表现很满意，经常对我说，我看，我们又多了一名优秀的医生。"

"我上高中以后就对这个职业失去了兴趣，下定决心想成为一名军人。临行前，父亲心痛地问："你为什么要放弃现有的成就去选择一个新的行业从零开始呢？"

高峰说："前程我不感兴趣，我需要的是做自己想做的事。"

父亲又问他："那你去做军人能学到什么？"

高峰说："我不知道将来会是什么样子，我只清楚现在该怎么去做。"

高峰毕业后进入了云南省军官学院。他刻苦地学习和军训，几年后被升为连长,几年后又升职为团长,可他的生活却无法保障,因为他把自己的工资,都捐给了贫困山区的学生,所以他只能是节衣缩食,经济十分紧张。

有一次,高峰为了一个白血病的患者,把自己的存款全都捐了出去,并欠了一部分外债,在那3年中高峰几乎是靠家里的支援挺过来的。父亲劝他赶紧回头,继续从医,但高峰不愿意就这样放弃他的追求,他的理想。

也正因为如此,10多年后的高峰成了声名显赫的师长,一个让部下所爱戴的师长。也因为高峰的坚强,他最终依靠渊博的知识和顽强的意志,一步步走向了成功。

宇晨刚大学毕业的时候,没有一个明确的目标,他不知道自己适合做什么,在家人的帮助下,他成了一家银行的普通职员。可是,在银行里,宇晨并不快乐,他发现自己总是心不在焉,而且始终把工作看作是一种生活的负担,就这样,他一做就是3年。

当他一个人的时候,他会跑到湖边,吹着风,远看湖水的涟漪。那个时候,他很多次问自己是否真的适合现在的工作。一段时间后,宇晨发现自己真的不喜欢这个工作,虽然薪水不低,但他早年的梦想是做一名为人民服务的警务人员。因为那样的工作能为他人提供帮助,得到他人的赞扬,享受许多别人无法想象的乐趣。

经过一番考虑,宇晨毅然放弃了银行的工作选择当兵。由于他是大学学历,并且岁数不大,3年后,他退役回到家乡,并且达成心愿成了一名人民警察。此后他在工作上全心全意地为人民排忧解难,他的才华和潜力也得以充分运用,工作相当出色。10年之后,他成功地当选为公安局局长,他为民办事的理想获得进一步拓展,他的职业也获得更大的荣誉和发展。

美国伟大的哲学家爱默生曾说过:“每个从事自己无限热爱的工作的人,都可以获得成功”。是啊,在这个强调自我和个性的时代,每个人都渴望充分发挥自己的个性特点,最大限度地开发自身的潜能,成为符合社会需求的人。只要你选择与自己志趣相投的职业，你就不会陷于失败的境地。特别是年轻人，一旦选择了真正感兴趣的职业，将会精力充沛，全力以赴地去工作。一份自己想做的工作会让你如鱼得水，充分发挥你的潜能，迅速成长起来。

我们都要对自己的人生进行规划，按照自己的特长来确定自己的发展目标，也就是我们常常说的要量力而行。如果我们能够根据自身所处的环境、条件，以及自己的才能、素质、兴趣等制定了目标，我们就不要埋怨环境与条件对我们的不利，我们要想尽一切办法寻找有利条件，我们不要坐等机会，而要创造机会。如果我们能够做到这点，我们就会开辟新的成功之路。

无论如何，你都要遵守自己的原则，做一个真实的自己，让自己的目标更加贴近自己，只有如此，才能更好地体现自己的人生价值。所以说，我们要想成功就要设定目标，没有目标是不会成功的，没有目标生活就会一团糟，那么，如何确定自己的生活目标呢？为了确定我们的生活目标，拿破仑·希尔建议：闭上眼睛一分钟，想象一下从现在开始，10 年后你的生活是什么样子，要对自己有信心。确定一个能满足你生活中需要和渴望的真正目标是很重要的。

再高的山峰也是从山脚开始。所以想要到达最高处，必须从最低端的山脚开始。设定目标要适可而止，不要追求那些不可能达到的目标，因为希望越大失望也就越大。

七、目标的制定让你更自信

一个人如何看待自己是与自身的信心强弱有关的,自信心强的人能较好地看到自己的潜力,而自卑的人则会对自己有所贬低。我个人就有过这样的感觉,当我感觉我某天、某时心情不好的时候,那么,我那一天是不会快乐的,但是,当我换另一种心态来证实我是快乐时,那么我的心情就会非常地好了。是啊,很多时候如果觉得自己是个乐观向上的人,就会表现得很开朗;如果认为自己是个内向而迟钝的人,那很可能就会变得很木讷。这些现象告诉我们的是,只要我们充分地相信自己,那么一切都可以改变。

那么,如何使人有自信呢?给自己制定一个目标,这个目标需要贴近自己,是自己力所能及的,当这个目标实现时,你就有了自信,因为你会这样想:我有什么做不到呢?

社会职业千差万别,人与人也各不相同,不要这山望着那山高。只要你找到自己喜欢的工作,做好自己该做的事,你就找到了自己的成功和幸福。

一个人想要过一个理想完满的人生,就必须先拟定一个清晰、明确的人生目标。要特别重视正确把握自己的目标和限定达到目标的期限。

像这样设定明确的目标是非常重要的。如果能正确地把握自己的目标,并限定达到的期限,就能产生把自己的力量发挥到极致的意愿,为实现目标而全力以赴。

一个人确定的目标要专一,而不能经常变幻不定。如果今天确立了这个目标,明天又去确立那个目标,那么会让自己更加的消极。有些人经常变换目标,是因为他们心里没有完成这个目标的决心,总是认为自己不能完成,自信心也会逐渐消磨掉的。

成豪是一个国有企业的管理者,事业极为成功,因为他所提出来的建议都是根据企业的发展而提出的。每次会议他都会提出一个相同的问题:“什么样的建议对我们的顾客最有利?什么样的建议对我们的企业最有利?”

由于多年从事管理事业,成豪积累了一定的资金,在成豪50多岁时,他决定将老家迁到六盘水去。因为他知道六盘水的养殖业非常少,他想在那儿再干一番事业,再做一名出色的管理者。成豪的兴趣很高,开一家小的还不满意,居然开了一家占地千亩的养殖基地。他把自己的退休金,多年的存款全都拿了出来,把所有的一切都放在了养殖基地上,可是,这次成豪并没有成功,一年之后基地支持不下去了,成豪失败了。

后来成豪对他的失败这样说:“我的失败并不是这个行业所造成的,而是因为我设立的目标不正确。在目标设立之后,我发现我对这个行业根本不了解,自己并不喜欢在这个行业有所发展。时间一长,我对这个目标失去了信心,也没有了自信。”

其实,生活当中,你才是自己命运的主宰,是你生活的推动力。面对挫折和不幸时,相信你自己,相信你不比别人差,这样你才能更好地面对和解决这些挫折。当一个目标被确立后,你只能想象着如何去实现这个目标。

美国布鲁金斯学会有一位名叫乔治·赫伯特的推销员,在2001年5月20日这天,他成功地把一把斧子推销给了美国总统小布什。这是继该学会的一名学员在1975年成功地把一台微型录音机卖给尼克松总统后在销售史上所写下的又一宏伟篇章。

乔治·赫伯特推销成功后,他所在的布鲁金斯学会就把刻有“最伟大推销员”的一只金靴子赠予了他。

在这个项目设立之后,许多学员都认为这是不可能做到的,有的学员认为把一把斧子卖给小布什简直是太困难了,因为现在的布什总统什么都不缺，即使缺少，也不用着你去推销，更不用说他亲自去购买，他完全可以让其他人去购买，而且卖斧子的商家众多，布什不一定会买你的。

但是，乔治·赫伯特却没有产生如此消极的想法，他认为不管结果如何，只要自己去做了，即使没有结果也没关系，做总比没做好。在他看来，把一把斧子推销给小布什总统是完全有可能的，因为布什总统在得克萨斯州有一个农场，里面长着许多树。于是乔治·赫伯特就给布什总统写了一封信说："有一次，我有幸参观您的农场，发现里面长着许多矢菊树，有些已经死掉，木质已变得松软。我想，您一定需要一把小斧头，但是从您现在的体质来看，这种小斧头显然太轻，因此您需要一把锋利的老斧头。现在我这儿正好有一把这样的斧头，它是我祖父留给我的，很适合砍伐枯树。假若您有兴趣的话，请按这封信所留的信箱，给予回复……"

在乔治·赫伯特把这封信寄出去不久，布什总统就给他汇来了15美元。

从乔治·赫伯特把斧子卖给布什总统这件事来看，自信对每个人都非常重要。无论我们面临的是学习还是工作的压力，无论我们身处顺境还是逆境，只要我们有自信，就可以用它神奇的放大效应为我们的表现加分。因此，只要我们有信心，在别人看来不可能的事也会有成功的可能，在我们的字典里就不会存在着"不可能"这三个字。

所以我们应该对自己自信一点，坚信自己不比别人差，始终相信自己。这样你的生活才会更加快乐、美满。

当一个清醒的目标呈现在你眼前时，你会感觉到很容易实现这个目标，这时你的自信也会随之而来，所以一个目标的制定会令你的自信更强。我们应该对自己自信一点，认为自己不比别人差，始终相信自己。

第二章 与同伴交往主动发展

青少年在随着自我意识的形成，认知能力的发展，对人际交往的需求也越来越强烈。尤其是高中阶段，在紧张的学习环境下，大家一方面渴望纯真的友谊，希望别人承认自己的价值，支持、接纳、喜欢自己，另一方面由于自尊心过强、过于以自我为中心或自信心不足、担心在交往中丢失颜面等原因，而不敢主动与人交往。这种矛盾的心理常常使学生陷入交往困惑，导致不良情绪的出现，从而影响了正常的学习和生活状态。

一、在表露与分享中，我们一起成长

青少年们在生活中可能经常碰到这样的问题，小时候很喜欢跟爸爸妈妈一起玩，现在长大了，觉得只跟爸爸妈妈玩而没有好朋友，是很没面子的。

这说明我们进入了人生的新转折，正在走向独立和丰富。在我们小的时候，遇到麻烦和困难，首先想到向父母求帮助、找安慰。他们是我们生活中最重要、最亲密的人。随着我们的成长，从小学到初中，再从初中到高中，我们的生活圈子越来越大，围绕在我们身边的同伴群体也日趋复杂。我们有了自己的同学、好朋友、闺蜜、“死党”，有了其他可以吐露心声、寻求帮助的对象。与此同时，这些同伴们也是我们了解社会、学习社会生活经验、学会理解他人、掌握社会交往技能、认识自己、发现自己的长处和短处的重要途径。

作为学生，我们大多数的时间都是在学校里度过的，因此日常生活里与我们相处最久的就是周围的同学。我们不再仅仅满足于博得父母和老师的赞赏，更希望获得同学的赞同和认可，获得同龄伙伴的注意和欣赏。很多时候，反倒是同辈的眼光更能左右我们的喜怒哀乐，那是因为，我们已经认同自己是这个群体中的一员，这个群体中其他成员的评判构成了我们的价值来源。

年幼时，我们对于同伴的依赖是不稳定的。我们只是寻找那些有着共同兴趣爱好或从事相同娱乐活动的游戏伙伴。那时，我们更多地从父母亲那里获得情感的满足并寻求他们的表扬、爱和关切。这些小玩伴并不是我们主要情感满足的来源，幼小的我们只是喜欢跟小朋友们玩耍，离开他们之后并不觉得伤心难过。但是慢慢地，有些变化似乎在悄然发生。身体的发育和心理的成熟会让我们产生新的感受，我们在日渐融入社会的同时也在学着独立，情感独立的需要和挣脱家长束缚的渴望渐渐强烈。这种变化让我们把同伴圈子作为最重要的活动场所，试图从他们那里寻找到新的支持。因此，学习建立友谊成了处于这一时期的我们的一门必修课。在这个生命阶段，我们把兴趣指向同伴，并从他们那里获得一种自我价值感。起初，我们需要的只是与自己有着相同兴趣的朋友的关系。随着我们的成长，我们渴望更亲密、关爱的关系，包括分享成熟的情感、问题和思想。我们需要能站在我们身边用理解、关爱的方式支持我们的亲密朋友，不只分享秘密或计划，还分享感受、相互帮助解决困惑、问题与人际冲突。

如果我们积极地投入人际的互动中，适时地自我表露，与人分享自己的经验和感受，寻求到回应和共鸣，我们就会拥有许多充满激情和感动的美好时刻，而这样的体验将会带给自己极大的满足和愉悦。

我们会发现当两个有着相同爱好的人正在一起谈论着他们感兴趣的事物时，往往容光焕发、神采飞扬。对他们而言，这无疑是一种享受。另一方面，当我们能够积极融入一群人的互动中，就会深深地感受到群体情绪的强烈的感召力。比如，球迷们在看台上的摇旗呐喊，歌迷们在台下的疯狂投入，这时同属其中一分子的我们既获得了一种强烈的归属感，又让自己的激情得到了充分的释放。所有这些美好的情绪体验，会使我们深刻地体会到人生的活力与美好，生活的丰富和精彩，自身的愉悦和价值。

积极的友谊可以让我们产生被人支持的感觉，从而有助于提高我们的幸福感。尤其是对于被称为“狂风骤雨期”的青春期而言，良好友谊的建立更有利于缓解青春期身心巨变产生的压力、紧张感和不确定感。我们需要朋友在身边，并从这些朋友身上获得力量。从朋友与朋友的交流互动中，我们学会了必要的社会技能和个人定位。这些都有助于我们成为更大的成人世界的一部分。我们和最亲密的朋友分享自己的弱点和内心深处的情感，携手共进的同伴让我们能更顺利、更加充满自信地过渡到新的人生发展阶段，找到共同奋斗目标更是能够激励彼此相伴前行。

有的同学特别不善于跟别人交流。特别跟异性同学打交道还会有界线。他们变得孤独，经常沉默寡言独来独往。这样好吗？

其实，每一位青少年都喜欢有同龄朋友，因为各种各样的原因不会主动跟别人交往。我们已经谈到，善于交往，拥有友谊，会带来健康快乐，也会让我们更好地发展。但是有的同学就是难改变自己，下面这位初中生的故事也许会对我们有启发。

我不是一个善于表现自我的人。至今还依稀记得幼儿园中的一次音乐考试，每个人都要站在台前唱一首歌。我恐慌地躲在人群中，就是为了逃避这个表现自我的机会。长大后，我是个沉默寡言的人，但我处处都掩饰着自己的孤独，享受着一个人的自由自在。

不知道是为什么，我开始注意坐在我前面的女孩。也许是因为她也是一个人独来独往，一种同病相怜的感情渐渐浮上心头。她的学习成绩不好，有一次我向她的方向看的时候，她忽然回头看了看我。我从她的眼神中读出一丝犹豫，读出一丝求助。望见她桌上摊开的作业本，我猜她大概是被哪道题目难住了。要不要去帮助她呢？学习正是我最拿手的。我惊讶于自己的想法：我居然会想去帮助另一个人。“算了吧，你和别人之间是有一条界线的”，我对自己说，“可是——你会希望那个被寂寞束缚吗？真的就永远如此了吗？”顿时，一股力量催动着我站起，来到她的桌边。“你不会做这道题吗？我来帮助你。”她抬起头，眼中放出兴奋的光芒：“真的吗？”我随即迅速地读了一遍题目，一步步地分析给她听。她频频点头表示理解。题目解释完后，她看看我，怯声道：“谢谢你！”

这件事之后，我们便成了好朋友。有一次偶尔谈起这件事，她笑着说：“你学习成绩优秀，我一直以为你是个孤傲的人。”我不禁心想：若是我当初没有鼓起勇气去帮助她，她也许至今还认为我是个孤傲的人。若是当初她没有接纳我的帮助，我大概至今还被寂寞包围着。其实人和人之间没有界线，只是每个人的心都刻意地画了一条线，把自己关闭起来，把自己孤立起来，才错过了一次又一次与外界沟通的机会。

有人说，心是一扇无形的窗。有的人紧紧关闭，还拉上了厚厚的窗帘，于是，心变成了黑箱子，不透亮，也没了光彩。有的人向外敞开，于是心灵世界就有了不同的色彩，人生的舞台便演绎出了各不相同的故事。

当一个人紧紧关闭心窗，烦恼便没有人一同承担，快乐便没有人一起分享。其实，这扇窗是很容易打开的，稍稍推开，就会发现外面的世界很精彩，没有人会拒绝你的到来，只是你有没有勇气去推开那扇沟通外界的窗。

二、以人为镜，从现在开始调整自己

关于人际交往，有什么特别的学问吗？

有的。跟你介绍一下关于人际交往的"交互作用学说"吧。这个学说的主要思想是，人际交往总是会以某种姿态出现，有的有利于交往，有的不恰当。至于什么姿态，先看看下面这个例子：

甲、乙、丙三个同学激烈争论着，原因是三人合作一件事却没有很好地完成任务。于是甲说："都怨你们，一个什么状况都搞不清楚，另外一个拖拖拉拉的，早知道你们的能力是这样的，我就不和你们一起做事了，真倒霉！"乙说："我觉得这件事情之所以没有做好，第一是因为我们事先了解的资料还不够，二是因为三个人的力量没有往一处使。"丙则说："都怪我，是我自己能力不够，连累了你们。"

这样的场景是否似曾相识？甲乙丙三个人的话语哪个更像是你会说的呢？日常生活和学习当中，我们偶尔也会遇到这样的情况。当遇到问题和麻烦时，不同的人会出现不同的反应，有些人总颐指气使、推诿责任，有些人冷静理性、客观分析，有些人则易受打击、沮丧灰心。不同言语论调恰恰反映了我们在与人交流时的几种典型心态。

与人相处共事时不同的心态会引发不同的感受、产生不同的效果。不妨以上面的例子来说，甲的说法会让自己受挫的焦虑情绪得到释放，也让自己推卸责任。但是他的话语会伤害别人，会造成合作的破裂，大家不欢而散。丙那种可怜兮兮的状态不会伤害别人，但是，他自责的话语在给失败寻得借口的同时也会带来日后的退缩。乙冷静而理性，这种反应才是真正承担责任。如此面对挫折，不仅有利于日后的合作，而且有助于走向成功。如果用心理学家伯恩内的学说来评价，甲的反应属于“父母”，乙的反应属于“成人”，丙的反应属于“儿童”。

伯恩内认为，人们在日常相互作用过程中，常常交织着三种不同的状态——“父母”“成人”和“儿童”，可以分别用三个英文单词的第一个大写字母来表示。P代表“父母”，A代表“成人”，C代表“儿童”。之所以用引号来标示，是因为这三个词只是在描述一种心理现象，也就是说，在日常生活中，我们可能倾向于表现出类似这三种心态中的某种或多种心态，但并不在实际承担的角色上发生变化。在上面的例子中，虽然甲乙丙三人各自的论调不同，但是他们还是学生甲、学生乙和学生丙，而不是父母甲、成人乙和儿童丙。

“父母”所揭示的是一个人在5岁前生活中的记忆留给他的习惯性心态。简单来说，就是幼时记忆对我们产生了一种影响，这种影响使得我们在后来的生活中不知不觉地将“父母式”的论调学会并使用。幼时的我们缺乏理解、判断和评价能力，于是父母的言谈举止都被当作可靠的“真理”而不加筛选地保存了下来，成了无法从记忆中将其剔除的永久记录。而且这些记忆在我们的一生中还会不断地闪现，并对我们的行为产生影响。

由于每个人的家庭状况各不相同，所以，“父母”这一早年经历的记录对每个人来说都是特定的、唯一的。如果在一个家庭里面父母亲经常争吵不休，那么青少年就会亲眼目睹父母相互诋毁谩骂的情形，于是，一场“伴随着恐惧感的吵架场面”就被记录了下来。这有可能会影响一个青少年将来面对生活的态度以及对待婚姻家庭的态度，因为早年记忆会使得青少年觉得生活并不幸福，家庭也不可避免地要产生分裂和不和谐。父母如果是喜欢怨天尤人的人，常常觉得自己怀才不遇，因为境遇不佳而唉声叹气或者求全责备，那么青少年就会在遇到相似境遇时，倾向于与父母产生相似的反应，同样推诿责任、怨天尤人。当然，如果父母之间的日常交流多半是和谐甜美的话，那么这样的信息也会被记录下来。在父母潜移默化的影响下，青少年们学会了如何去感悟生活的美好，以及如何通过积极地面对和努力来达到幸福。

然而，随着人们的成长，早年获得的规则在许多时候往往需要变更或修正，以适应变化的生活环境。毕竟对于生活来说，没有所谓的金科玉律。再成功的父母都不可能仅凭给予青少年规范指引而使得这个青少年在未来的生活中无往而不利。规范指引，对于父母而言，是一个“技术活”，过头了不行，过少了也不行。如果父母当年对孩子的说教过于严厉，那么日后对某些规则的更新就会产生问题，这样教导出来的青少年中的某些人也许会十分固执地坚持过去的习惯，不愿意改变。

因此我们说，早年生活的内容和方式往往决定了每个人心中的“父母”心态，从而对今后的生活一直有着深刻的影响，虽然很多时候我们甚至没有注意到它的存在和影响。

“父母”心态的影响，也不仅仅来源于我们的爸爸妈妈，其他一些重要的成人以及社会上的各种媒体，也是形成这个“父母”的重要来源。在这些信息中，有对我们的恰当行为的赞许，也有对危险行为的警告，但对于青少年来说，更多的是约束性说教。这时，如果众“父母”各自所持的主张相互矛盾时，“父母”权威的统一性就会被破坏，其影响力就会减弱。不经世事的青少年身处其中，比较容易产生迷惑、混乱甚至是恐惧。

“儿童”是我们儿时对所见所闻的反应给予后来生活心态的影响。由于我们在早期还不具备足够的语言表达能力以及运用语言思维的能力，所以反应多是情感性的。这其中有对周围事物的新奇感和探究欲，但更多的是因被压抑和受挫折所产生的消极情感。不管我们有多天才，儿时生活中总归存在很多挫败。之所以如此，是因为在儿童时期，我们的行为主要服从的是自身的需要，然而由于生活规则的客观存在，我们的行为势必会处处受阻，因此在很多的时候不可避免地会体验到消极的情绪。在这些消极情感的基础上，我们在人生最初的历程中往往会得到这样的结论：“我不行。”

每个人或多或少，或深刻或模糊，都会在内心深处留下“我不行”的印记；无论我们的童年生活是幸福愉快，还是充满艰辛，作为青少年，我们毕竟弱小、无知、笨拙，在很多事情上我们往往无能为力，因此“我不行”的结论是一个人在经过孩提时代后必然会留下的痕迹。只不过，在很多后来很优秀的人身上，这些挫败感得到了很好的纠正，或者，有些人比较擅长用另外一些方面的成功来提升自己的信心和幸福感，从而使挫败感减弱或者隐匿。

与前面所说的“父母”状态类似，在现实的人际交往中，我们身上的“儿童”状态也会时常明显地表现出来。当我们正经历着一些让自己痛苦、难受的事情的时候，这些事情很有可能会唤起我们在童年时候相似的经验——同样的无助、同样的害怕，这时如果理智本身不发达或者理智一时仿佛无能为力，我们就有可能表现得像青少年一样，用自己还是青少年时的方式来应对事情，表现出的行为也更像一个无助、任性、不现实的青少年。当然，在“儿童”的状态中也有着美好的一面，比如，对生活中各种事物的好奇心、探索的欲望、创造力的表现，这些都构成了生活中积极、有趣和有意义的内容，并使我们体验到自己的成功和喜悦，让我们觉得自己行，自己能够独立完成某些生活任务。比如，我们第一次能够控制门的开关，第一次捞出掉在水中的肥皂，自得其乐地把积木搭成不同的造型等等。在这些时候，年幼的我们能够体会到自己对事物的控制感，这给我们带来了极其美妙的体验，让我们感到无比快乐。在这些时候，年幼的我们体验到的是“我行”“我很好”。

“成人”心态的形成开始于出生后的10个月左右。具体而言，当我们发现自己已经能够按主观意愿做一些事情的时候，也就开始对“父母”心态中提供的信息进行检验。在起初的几年中，一个人身上的“成人”的力量还显得相对脆弱和单薄，容易在“父母”心态的控制和“儿童”心态的消极体验中失去自身的影响力。但所幸的是，大多数人的“成人”意识都能够幸存下来，而且随着个人的不断成熟而发挥越来越有效的作用。

“成人”心态导致人对“父母”权威包含的信息进行检验，看看它们是否符合真实的情况，是否在此时此处适用，从而判断、决定对这些信息的取舍。“成人”心态也会倾向于对“儿童”心态所包含的信息进行检验，用以判断哪些情感是可以适宜地表达出来的，哪些只是对陈旧的“父母”权威的刻板反应。“成人”心态的作用在于帮助我们在不断变化的生活环境中调适自身，在生活中更有效地与他人交流，表达自己的需要和情感，理解他人的意图和行为。

需要指出的是，在“成人”心态对“父母”“儿童”心态进行检验的时候不可能完全剔除“儿童”心态中特有的关于“我不行”的记录，因为伴随这些记录的是真实而深刻的情感体验，很多时候我们可以避开它们所引起的不良影响，对他们重新加以认识，但我们却无法抹去这些记录。尽管如此，排除其不良干扰继续前行，才是我们应该做的，否则我们就要陷入几个心态的纠结之中不能自拔，从而无法好好生活。

在“甲乙丙”三个人的例子中，甲用长辈的口吻指责另外两个人，显然是出于“父母”心态，倾向于把责任归于他人，在别人那里找失败原因。他的这种对人处事的态度可能就是他从小与父母（或者亲密关系中的其他长辈，比如爷爷奶奶）的相处模式中获得的。他的父母有可能很喜欢批评别人、埋怨别人，或给予命令强迫青少年接受，或者喜欢干涉别人的生活，始终把别人当作小孩一样照顾。乙则属于冷静、稳重、明理的“成人”心态，既不挑剔别人，也不冲动任性，而是很有主见，处事有计划，临阵不慌。丙却像做了错事一般，一个劲地求大家原谅，正处于“儿童”心态。处于这种心态的人，表现得感情用事，而且情绪不稳定，容易受影响。

那么，我们应该如何调整自己，让自己在交往中有一个合适的姿态呢？

先观察分析一下自己与同伴交往时候的主要风格。如果你发现自己经常用“父母”心态与人交往，不妨学着多聆听，少批评。遇事切勿一上来就挑剔别人，要多采纳别人的建议，在听别人说完话之后再发表意见，不要轻易下结论。这样会让你的生活多一点随意和感性，你也会快乐很多。如果你过于理性，甚至到了一种“不近人情”的地步，影响了你与他人交往的过程，那最好把自己的“成人”心态放低一点。可以试着让自己

放松，允许自己的感情适当地得到宣泄。不妨看一些喜剧或笑话，让自己乐一乐。

而对于经常处于“儿童”心态的人，最好遇事提醒自己不要消极应对，即使当前实在是没有办法，也不能就停止努力。慢慢学会使用理性的方法，冷静分析，避免感情用事。

凡事问问自己“我该怎么做才是最好的”，而不必时时刻刻都顾及别人的喜好和反应，以免失去自我。不能因为别人的脸色就伤心到一蹶不振，也不能索性放弃、大哭一场就算了。要多训练自己对他人负责，用自己的理性和经验分析事情，而不是过多地依赖他人的指令或者应别人的脸色而行动。

在人际交往中，我们每个人都应该注意自己正处在什么心态，然后努力建立一种较为恰当的姿态与人交往。这样一来，你会拥有许多朋友，成为一个受欢迎的人。

我们班的“他”“明亮清澈的大眼睛一双，一张一合口吐珠玑的嘴一张，清秀的柳叶眉一对，微微突起的鼻子一个，竟都嵌在这令全班男生个个眼红的俊秀且有俄罗斯风味的脸上。他具有了中学生应具备的一切气质，优点挺多，缺点也不少。功过相抵，不予表彰，不予批评。”以上是开学两个月零一天以来我给他的综合评价。说实话，他优点挺多的。口才超棒，体育巨强，长得又帅，而且他对女生的态度一向是忍让，这些都是我们班其他男生眼红的原因。缺点嘛，有三个：一是他好吹牛；二是他学习方面处于“跌停”状态；三是他稍微有一点自命不凡，总是好为人师。

先说他口才超棒。就在我回想此类事迹时，前座马大哥不知缘何突然发出了一声窃笑，被值日生捉个正着。这个好管闲事的值日生立即向班长汇报。他当即挺身而出，说出了一句令全班爆笑的话——“学累了，笑一会儿再学。”下课后他“拜读”我的作文时又冒出了一句令我“捧腹”了半节课的话——“我这下半辈子，可就全毁你手里了。”

他好吹牛，好为人师，爱好体育都是全班公认的，并已就此事达成共识，长得帅只是我的个人观点。

他的学习嘛，用他同桌的话讲就是三流功夫。但勤能补拙，最近他还聘我为他的"私人顾问"兼家教呢！

每个人都会有自己的强项，同时也会有自己的弱点。要敢于正视别人的优点和长处，对于在某些方面超过自己的同学要心悦诚服，虚心请教，促使自己进步；而对不如自己的方面也不必沾沾自喜，毕竟大家都有自己的缺点。中学生应多相互学习，取长补短，充分发挥自己的特点，切实多方面地提高自己的能力，多渠道地开发自我修炼的机会。

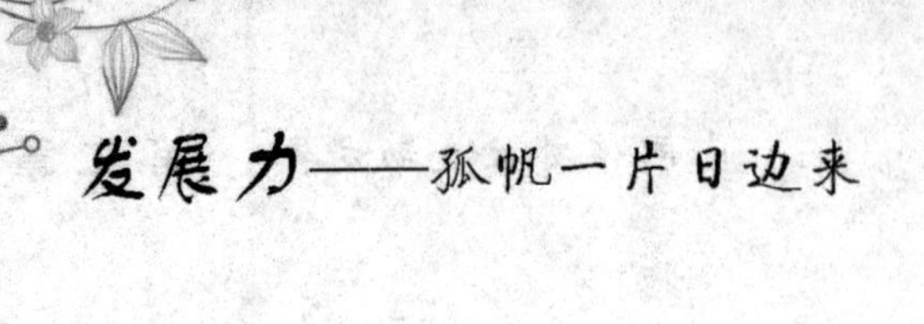

三、与人交往贵在“灵活有度”

青少年在日常生活中常常觉得,为什么有时候你对别人关怀备至,他却反而对你避而远之?这个问题很微妙。

先来看看小怡的经历:

“我真的很难过,我对她真的很好,我把她当作我最好最好的朋友。她不开心我也会陪她一起难过,她缺什么我都会帮她买。我觉得我已经把我能想到的事情都做了,可是不知道为什么,她对我却越来越疏远,昨天还跟我说她觉得我们太亲密了,她觉得这样的友谊压力很大。可是我又不图她还给我什么东西,我只是觉得好朋友就应该这样……”

不少人都会有这样的感受:为了维持一段朋友关系,好事几乎都被做尽了,却出现了意想不到的反面结果。那么你所珍视的朋友,为什么会疏远你呢?事实上,这是由他(她)个人的感受和需要决定的。对一个有行动能力、心智健全的人来说,除了依赖和获得,独立与付出也是人内部的需要。单方面付出或索取的关系,由于失衡,必定是不健康的。互惠,尤其心理上的互惠是一段健康关系必备的要素——这一原则是建立在人的各种需要,包括精神的、物质的内容的基础上的。有心理学家认为人与人之间的交往本质上是一种社会交换,即人们都希望在交往中得到的不少于所付出的。其实不尽如此,如果反过来得到的大于付出的,也会令人的心理失去平衡。

和吃饭睡觉一样,人际交往也要注意“度”的把握,不少人在与人交往中常犯的一个错误就是“完全以他人为中心”,以为自己全心全意为对方做事就能使关系更加融洽、密切。但人不是机器,而是一种有自我意识、有自尊需求的生物，一味接受别人的付出却无以为报的感觉会使人体验到心理上的失衡，降低个体的自我价值感。“滴水之恩，当涌泉相报”正是个体追求这种心理平衡和关系平等的外在表现。如果好事一次做尽，把别人的事情都一手包揽，使别人感到无法回报或没有回报机会的时候，对方难免会产生很大的心理压力和愧疚感，于是就选择保持距离，慢慢变得疏远。

这反映出“灵活适度”在人际交往中的重要性。心理学家霍妮认为，如果父母在养育过程中始终对儿童表现出真心的爱抚和温暖，就能满足儿童的安全需要，儿童在今后会有正常的发展。如果父母对儿童的需要表现得十分冷淡、甚至带有敌意、憎恨等情绪，那么儿童内心的安全需要就无法得到满足，今后可能会导致神经症的产生。

但正如前面提到过的那样，在生活中，父母总会难免做出损害儿童安全需要的行为，霍妮把这些行为称为“基本罪恶”，包括了直接或间接的严厉管束；冷漠、错误的培养方式；对青少年个人要求的不尊重；缺少指点；对青少年的轻蔑；过多的赞扬或毫无赞扬；缺少温情；父母之间的不和迫使青少年站在某一方反对另一方；让青少年承担过重的责任或放任其无所事事；过度溺爱和保护；把青少年与其他青少年隔绝，限制其与同龄人交往；对青少年不公正、歧视、言行不一；家庭中充满敌意等。

青少年反复受到这样的对待后，就会对父母产生一种基本敌意感。这种敌意并不只是针对父母，它还会泛化到整个周围的环境和人，儿童会发现一切事物和一切人都可能有着潜在的危险和不安定因素，于是，儿童会体验到一种基本焦虑。

这种基本焦虑是每个人都会体验到的，极端情况下给人带来无能和恐惧的消极感受。为了尽可能将这种体验降到最低的程度，我们都会自觉或不自觉地采用某些策略来应对。对此，霍妮提出了10种降低基本焦虑的策略，她称这些策略为神经症倾向，也称神经症需要，它们是：①对友爱和赞许的神经症的需要，这种人极度渴望获得爱和赞美。②对求助于人生伴侣的神经症的需要，这种人需要依附于某个保护他免遭危害、满足他所有需要的伴侣。③对自己狭小生活圈子的神经症的需要，这种人非常保守，为了避免失败而无所欲求。④对权力的神经症需要，这种人崇拜强权、歧视弱小。⑤对剥削别人的神经症需要，这种人害怕别人占他的便宜，但把自己得到的好处视为理所当然。⑥对社会成人的神经症需要，这种人活着是为了得到别人的承认，他们的最高目标是获取威望。⑦对个人景仰的神经症需要，这种人活着是为了被人奉承与恭维，他们希望别人对他的评价与他们理想化的自我意向一致。⑧对抱负与个人成就的神经症需要，这种人对成名、发财、地位均有极大的兴趣，甚至不顾后果。⑨对自足和独立的神经症需要，这种人极力回避对任何人承担责任，不愿意被任何事物束缚，不惜一切代价免受他人奴役。⑩对完善和完美无瑕的神经症需要，这种人力图成为完美无缺的人，因而对批评极为敏感。

仔细审视每一条策略的内容，你会发现我们每个人都在不同程度上会用到上述策略，每个人都会不同程度地有这些需要。但是，健康的人与疾病倾向者的差异正是一个“度”的差别。“灵活适度”才是健康，健康的人能够根据不同的情况和环境采用适宜的策略，自由灵活地追求这些需要的满足。他们懂得适可而止，因而具有弹性。而疾病倾向者则会把某一种特定需要视为生活的焦点，当作他的生活方式，成为他获得自身价值的唯一途径。他们往往不顾其他重要的生活需求，而围绕在一种满足上拼命挣扎，越是得不到满足越是“执著”，身陷一种恶性循环而不能自拔。

霍妮将这10种神经症需要概括为3种类型，反映了人际交往中，不同类型的人对他人的顺应情况。这3种类型是：趋向人的活动、反对人的活动和避开人的活动。

这么说来，如果对他人百依百顺，并不会建立起良好的关系吗？

是的。上述例子中的小怡就属于此类，当然她这种情况比较常见，并没有到病态程度，只是给她的人际交往带来了一些麻烦和困扰。这种顺应的模式包括对爱情和赞许的需要，对求助于人生伴侣的需要，霍妮称之为“依从型”。在与人相处中，这些人在内心相信“如果我顺从，我就不会受到伤害”。他们总是需要别人的喜欢和爱，总是渴望得到认可、赞赏和欢迎。为了获得这些,他们倾向于屈就别人、压抑自己内心的真实感受。这种压抑感会让他们无法为自己做事,无法形成自己的个人爱好。由于自我的力量比较弱小,他们往往十分脆弱,一旦对方没有给予他们理想的反馈,他们被压抑的情绪就会抬头,产生受伤感和愤怒的情绪。

依从型的人认为别人都比自己优秀、比自己有吸引力、比自己能干,他们会无意识地用别人的看法来评价自己。正如之前所述,很多人格的问题都源自我们的童年。如果父母过分溺爱,一味让我们依赖他们,不让我们有长大和自立的机会,久而久之,我们就失去了自己飞翔的能力。若长大以后依然不能自主,我们就会始终缺乏自信心,在很多事情上都需要依靠别人来为自己做决定。

如果青少年已经习惯于依赖他人了,就要试着努力去改变这种习惯。

只要愿意,还是可以自己克服它的。清查一下自己的行为中哪些是习惯性地依赖别人去做,哪些是自己做决定的。你可以每天做记录,定期总结反思一下。记录是一个非常有效的方式,曾担任过美国总统的富兰克林就是用这种方式每天自我反省,他的笔记本上有很多所谓的“德目表”,有诸如“宽容”“勤奋”等选项,每天晚上把这个本子拿出来,如果做到了某一项,就在上面打个钩,如果没做到,就画叉,这样提醒自己,以期不断进步,后来打钩的地方越来越多,说明他已经克服了原先自己做得不好的部分,日臻完善了。对于我们而言,已经能独立思考或处理的事,提醒自己以后遇到同类情况仍然坚持自己判断、自己实践,例如有怎样的业余爱好,按照自身情况为自己制订相应的学习计划等等。那些容易受别人影响的事,我们也可以尝试对自己提出更加独立的要求。对自己提要求,意味着改变自己旧有的习惯思维或者生活模式。坦率来讲,即使对于心智成熟的大人,这一点也是很难做到的。但是我们不能因为一件事情难做而放弃它,否则人类就都不要进步了,每个人就躺在自己的功劳簿上睡大觉吧。人的卓越性,往往不是表现在取得了多少成就,而是表现在能够不断超越自己,取得进步,这才是人的意志力所能体现的卓越。具体来说,比如在和同学讨论问题时,如果有自己的想法,不要怕伤和气或不好意思说出自己的心里话。其实每个人的想法可能都有道理，值得加以分析和反思。就算自己错了，说出来大家如果能纠正的话，对自己而言也是个直接的帮助。随着自主思考的增多，自主意识和能力肯定会慢慢增强。

你有过度依从的倾向吗？

看看下面这9项特征，有哪几项是比较符合你的实际状况的？

1. 在没有从他人处得到大量的建议和保证之前，对日常事不能作出决策。

2. 无助感，让别人为自己做大多数的重要决定，如在何处生活，该选择什么事情做等。

3. 被遗弃感。明知他人错了，也随声附和，因为害怕被别人遗弃。

4. 无独立性，很难单独展开计划或做事。

5. 过度容忍，为讨好他人甘愿做低下的或自己不愿做的事。

6. 独处时有不适和无助感，或竭尽全力以逃避孤独。

7. 当亲密的关系中止时感到无助或崩溃。

8. 经常被遭人遗弃的念头所折磨。

9. 很容易因未得到赞许或遭到批评而感到有受伤感。

每个人都会对他人有一定程度上的依赖或依从，这是很正常的，但如果上述特征中有5项以上都十分符合你的状况并且非常严重，已经干扰了你的人际交往，那就要留意了，看看能不能努力改善自我，让自己变得独立起来。

霍妮的研究认为，这种人总是想驾驭别人、控制别人，有一种潜在的攻击状态。这些人常常主观上觉得对方的行为对自己不利，或觉得对方看不顺眼，令人厌恶，便会在表情和行为上表现出敌对、排斥或不合作的一种状态。

这种类型的极端情况我们也许不太会在日常生活中遇到，但在我们或周围朋友的身上或许会出现多多少少与之性质相似的状况。当今的社会尤为崇尚展现自我，“我型我秀”受到追捧，“秀出你自己”成了流行口号。诚然，展示自我是一个人自信心提升，能力得到锻炼以及人生阅历得以扩展的重要途径，但当展现自我对不少人来说已经不再是难题的时候，两个都非常“有个性”的同龄人该如何相处反而变成了我们的新困惑。过多的自我关注，让有些人不能很好地接纳别人，因此在交友的过程中会有很大的障碍。有人觉得别人跟自己“没有共同语言、彼此思想完全不在一个层次”，有人觉得“没人有资格当我的朋友”。很多人在交往中往往只顾自己的感受，丝毫不注意聆听他人的话语、理解他人的感受，只顾自己宣泄情绪或寻找心灵的慰藉。很多交往中的问题原因都在于某些人只用自己的观点对环境、社会及他人进行评价，在强调自己“个性”的同时，对别人的“个性”却“看不惯”，不懂得站在他人的立场来反观自己的行为，显得过于以自我为中心。

在青少年中很多人都有以自我为中心的毛病，要改掉过分以自我为中心的毛病，最好先了解一下幼稚的以自我为中心的人的想法和行为与成熟的人的区别。人的一生中最以自我为中心的阶段是婴幼儿时期。过度以自我为中心的人，其行为实际在心理上已退化到了婴儿期。这种幼稚行为会对成熟的人际关系发展构成阻碍，正如一位作家所言：“一个迷恋于摇篮的人不愿丧失童年，也就不能适应成人的世界”。

了解了这些差异之后，如果你发现自己身上有很明显的“幼稚”倾向，就应该经常反思一下自己的行为，或者在每次出现这些想法和行为时，请好朋友提醒你一下。

除了慢慢摒弃自我中心观念之外，还要试着去爱别人，只有这样你才能真正体会到放弃自我中心观的好处。心理学家弗洛姆曾这样说道：幼儿的爱遵循“我爱因为我被爱”的原则；成熟的爱遵循“我被爱因为我爱”的原则；不成熟的爱认为“我爱你因为我需要你”；成熟的爱认为“我需要你因为我爱你”。能够爱人是成熟的，总是期望别人的爱而自己什么感情都不付出则是自私的。当你能够出于爱去接纳别人、关心别人、安慰别人的时候，别人一定会感受到你的真诚与温暖，并给你相应的回报。也只有在爱别人的时候，对别人的包容和关怀才是自然流露的，无须刻意为之的。这个时候，你能体会到自我的力量，因为是你的付出让你与他人之间的关系变得更加真挚与亲密。

中国古人讲求“仁”,将其作为修身之本,其实就是说:要爱人。孔子的弟子宰予,觉得父母去世了要守三年之丧似乎太长了一点,就去问老师能不能改改规矩,孔子听了后很生气,说这个弟子“不仁”。为什么不仁呢?孔子觉得之所以要守丧,是因为父母去世,心里悲痛,吃再好吃的也觉得无味,穿得再漂亮也高兴不起来,这些都是真心实意地对父母感情的体现。如果一个人父母去世时吃好东西觉得很开心,穿好看衣裳觉得很得意,那么他根本就不悲痛,根本就没有对逝者的深厚感情,也就是“不仁”。那既然都“不仁”了,那些礼节性的守丧行为又有什么用呢?所以孔子最后很生气地说“汝安则为之!”(意思是,你要是心安,你就这么做去吧!)

其实爱别人并不是难事,并不一定要海枯石烂、持久深远的情感才是爱。爱人的要义,在于能够体察别人的感受,真心诚意地关怀他人,哪怕自己实在是有心无力,只要有这份心意,做些自己能做的事情就可以了,不必以结果论英雄。比如,在别人心情低落的时候给予一份关心,在别人生病的时候送上一声问候,当别人遇到困难的时候伸出友谊之手,你都会得到别人的感谢和尊敬。而这些,都是一意孤行、自私自利的人渴望得到却求之不得的。

有些人相信“如果我避开,就没有任何人能够伤害我”。他们的内心强烈地想与人保持距离,在任何时候他们都不想与别人有情感上的联系,他们既不想与他人对立,也不想与他人友好,于是他们远离人群,独来独往。

人生来就是社会的人,没有人天生是拒斥亲密关系的。不想要朋友的人不会觉得孤独,但想要朋友,却没有朋友的人就会有孤独的感觉。回避与人交往的人大多都并不满意自己的孤独状态,行为的退缩有时并非出于自己的意愿:想与人交往,又怕被拒绝、嫌弃;想得到别人的关心与体贴,又因害羞而不敢亲近。我这里也有一个例子——

小刚是班级里公认的“好好学生”,学习成绩很好,也很遵守校纪校规。但是,班级里每次选三好学生都没有同学选他,因为他很少参加集体活动,也很少跟同学打交道,大家都不了解他。小刚内心也十分苦恼,其实他也很想和同学们在一起玩,但在别人面前他总是非常沉默,不敢在众人面前说话,怕自己说错话、做错事被同学笑话,破坏了自己的“美好形象”,越是这样他就越无法心平气和地与人相处,所以就干脆一直独来独往,对班级里的事情不闻不问。

回避型的人无法面对批评,常常会感到自尊心受到了伤害,很难摆脱痛苦的情绪。他们害怕参加社交活动,担心自己的言行不当而被人讥笑讽刺,即使参加集体活动.他们也总是躲在一旁沉默寡言。在需要独立处理问题或承担责任时,他们往往也表现得瞻前顾后,迟迟拿不定主意,最后干脆就不做了,逃避责任。

在分析回避型人格形成的主要原因时,有一个不可忽略的因素就是自卑心理。你也许已经发现依存型和反对型人格背后也存在着非常强的自卑心理。如果要追溯自卑感的起源,我们仍然可以退回到每个人的幼年时期。

心理学家阿德勒指出,所有人在生命之初都会有自卑感。因为,刚刚来到这个世上的时候,我们无法依靠自己的力量来生存,只有依靠别人的照看才能生存下来。因此,在生命之初,每个人都会因为自己的无能而产生自卑感。这种自卑感是每个人都有的,是正常的,在阿德勒看来,正是有了这种自卑情感的存在,才促使一个人不断超越自己,取得成就。在取得成就的时候,我们能够体会到一种成功感,能够体会到自己的价值所在。同时,站在新的高度的我们又会看到自己身上新的不足,从而再次激发我们取得新的成绩。可见,适度的自卑感对一个人的成长具有一种持续激励的作用。正是因为有天生的不足,我们才有进步的余地。

那么,通常带有否定意味的那个自卑又是怎么一回事呢?我们会发现,生活中也有些人因为自卑、不自信,而使自己的言谈举止有些偏离常态。有些人甚至对自己的能力毫无信心,自认一无是处,因而在面对许多事情时表现出退缩、心灰意懒的状态。比如回避型人格就是如此。自卑的人总是觉得自己不如别人，他们不想被别人发现自己内心的真实想法，喜欢与他人保持一致，因为他们对自己独立思考的能力存有质疑，缺乏信心，需要努力寻找他人的认可，求同的需要很强烈。他们经常会想："别人是不是有这样的看法？""我这样做会让人笑吗？""会不会被认为是出风头？"

在这些人身上，自卑情感失去了激励作用，反而成了他们自身发展的一道难以逾越的屏障，阿德勒称之为"自卑情结"。一个人如果长期处于过分自卑的心理状态，就会影响学习、生活和工作，束缚自己的创造才能和聪明才智。要克服自卑感，首先必须分析自己产生自卑感的原因，抓住病根，才能标本兼治。

形成过度自卑心理的具体原因有很多，比如学习成绩不够理想，在学习中遇到挫折和失败；比如家里经济条件不好，感觉不如人；比如因父母是残疾人或者文化水平较低，觉得很没面子；比如自己生理上有欠缺，如太胖、口吃、长相不好等。这些都是因人而异的，但过分自卑者身上都有些共同的问题，那就是片面地认识自我，过低估计自己，总是给自己消极的反馈。

每个人在成长的过程中常常以他人为镜来认识自我，如果有人对我们做了较低的评价，我们就很容易受到打击而心灰意冷，就容易低估自己的能力和价值，也更容易倾向于总是拿自己的短处和别人的长处比，这样就越比越泄气，越比越没信心，久而久之变成习惯性的自卑心态，于是有些人就形成了行为上的退缩和遇事回避的态度。

四、清除内心的自卑

自卑肯定不好，但是我们在对自己不满时总会感到自卑，这怎么办呢？心理学家阿德勒专门研究了这个问题。让我们先说说阿德勒。

1870年，维也纳一个商人家里新添了一个小男婴，他就是后来构建出精辟的“自卑理论”的阿德勒。阿德勒从小驼背，体弱多病，无法进行体育运动，直到4岁才勉勉强强地学会走路，与体格健壮的哥哥相比，阿德勒又矮又丑。进入学校读书以后，阿德勒的成绩非常差，以至于老师觉得他明显不具备学习的能力，因而建议他的父母及早训练他做个鞋匠。但他父亲却热忱地鼓励他。父亲的激励让阿德勒明白，不能让眼前的困境束缚住自己，不能相信当下的困难就是人的一生，而要勇于突破，大胆地去创造自己的生活，这种坚强的信条造就了阿德勒一生的成就，后来，他成了个体心理学的创始人、人本主义心理学的先驱、现代自我心理学之父，他的思想和著作对后来西方心理学的发展具有重要意义。

从世俗眼光看，阿德勒是不幸的，因为他天生在生理上有缺陷，在智力上比别人少了点天赋。但他拯救了自己，因为他懂得正确地看待这些“自卑之处”，没有一味接受大众的意见继而情感上受到伤害而一蹶不振，而是学会理性地对待别人对自己的评价，成功地将这些看似不幸的东西都一一转换成了他追求卓越的动力。历史上有许多科学家、文学家年少时都曾遭遇过别人的鄙视，受到别人非常恶劣的评价：著名诗人海涅就曾在学校中被视为劣等生；爱因斯坦因为成绩差而被迫退学；经济学博弈理论的创始人约翰·纳什，被发现患上了精神分裂症，但他没有因此而自卑或放弃，在亲人和朋友们的帮助下，一直与病患斗争，最后成了学术大师，获得了诺贝尔经济学奖。以上这些人都靠自己的努力成了了不起的人物。由此看来，形成自卑感的最主要原因是不能正确认识和对待自己，因此要消除自卑心理，须首先从改变认识入手。要善于发现自己的长处，肯定自己的成绩，不要把别人看得十全十美，把自己看得一无是处，认识到他人也会有不足之处，自己也有很多可圈可点之处，学会客观地认识自己。先从肯定自己开始来提升自己的自信心，从而能够勇于面对自己的劣势。

此外，要相信自己，相信自己的能力、自己的力量和自己的价值。这种自信心不是盲目的，是建立在正确认识与评价自己的基础之上的。很多缺乏自信心的人都认为自己笨、学习差、永远也学不好，因此灰心丧气。当然，也许我们不比某些天才聪明，没有他们受的基础教育好，也没有优越的师资条件，但这并不是放弃努力的理由。承认现实之后，要做的不是就此放弃，而是冷静地运用理性分析，看看有没有从中找到转机的可能。如果不能把自己的不足转变成自我鼓励、促进自己上进的力量，整天混日子，学习成绩当然会越来越不好。遇到问题时，尝试告诉自己："要冷静分析找到好方法，要努力，早晚会成功"；遭遇挫折后，告诉自己："吃一堑，长一智"，学会在失败中吸取教训，强迫自己不要让沮丧的心情持续太久。鲁迅先生说"不要恣情地悲痛"，正是这个意思。抱着这样的心态，加上脚踏实地的努力，你一定能在学习和生活中一步一步实现自己的目标。人贵在能够坚持不懈，不仅仅在于一时的立志，而是能够一直坚持朝着目标迈进，不达到目的誓不罢休。

说到目标，又要提到"合理适度"了，给自己定目标时要结合自己的实际状况，过高的目标或者急于求成常常是导致更强自卑感产生的导火索，不但不能提升自信反倒徒增烦恼。所以，在给自己提要求时，不妨将目光放在自己身上，分析自己的实际情况以便制订适宜的计划，而不总是拿自己和别人比。这么比是无益的，即使是人类，也不能在跑步、跳跃、爬树等方面跟某些动物相比，因为每个物种生来就是有其特点的。要建立自信，首先要学会把自身的特点全盘接受下来，然后思考如何扬长避短。

不要一看到自己矮，就觉得自己再也打不了篮球了；不要以为自己嗓音不甜美，就再也不敢唱歌了；更不要以为自己智商低于他人，就索性不学习了。很多产生自卑感的同学，都有一个明显的比较心理。寸有所长，尺有所短，有的同学非常羡慕别人成绩好、能力强、家里有钱等，而忽略了自己知识丰富、家庭和睦的优势，继而容易产生自卑心理。记住，每个人都有自己的优劣，发挥自己的优点，努力改正自己的缺点，是自己不断进步的唯一要素。我们生活在这大千世界，只有地域、文化、种族的不同，而没有谁优谁劣、谁好谁坏之分。好坏优劣这些价值区分，是不能用于先天既定的东西上的。只有人为的东西，才应当赋予这些价值。因此一个人天生丑不是恶，但若后天纵恶便是极大的恶、绝对的恶了。《巴黎圣母院》里面的卡西莫多，虽然外貌丑陋无比，却有着一颗常人没有的善心。在他的身上，先天的丑不是恶，后天的善心却是美。在我们身边，有些人之所以精通数学、善于写作，能成为音乐家、画家、科学家等，这是因为每个人的智力取向不同，机遇与自身努力不同。即使伟人只是凤毛麟角，我们即使不能都成为伟人，但总会在某方面有过人之处，只要自己能坚持某方面的努力。也许你的"弱势"在别人眼里并不算什么，但是否放大这些缺点的选择权在你自己手上，如果你听之由之，则小小的弱点势必酿成灾祸，如果你懂得削弱之，成功的机遇会大大增加。

自卑的折射——虚荣心理。

"老爸，我想换个新手机。"

"你现在用的手机呢？坏了？被偷了？不是好好的嘛！"

"型号太旧了，功能太少，没办法用了。"

"怎么会，你才买了一年不到！还很新呢。"

"哎呀，我们班很多同学三个月就换一次手机，都是最新最炫的，我现在还在用这种破手机，很没面子的！"

这个场景有没有似曾相识的感觉？或许是你，或许是周围的同学，或许是在电视上，总之并不陌生。别人有的，我一个都不能少；不管这个东西是不是我真正需要的，也不管家里的经济条件是不是允许我这样做；衣服不是知名品牌的不穿，学习用品一定要买高档的，数码产品总归要最新潮的。

“为什么要买这么多？为什么要买这么贵的呢？”针对父母可能提出的这类问题，很多人早有准备，有些人会挖空心思找一堆冠冕堂皇的理由：名牌的东西质量好、耐用；一分价钱一分货等等。这些理由有一定道理，但往往情况则是，还没到这些“耐用的好东西”的退休年龄，新的产品又出来了，一旦周围有同学领先一步用了新的产品了，不甘落后的人就又嫌弃自己曾经的挚爱，又要追赶流行了。

攀比和面子，是躲在所有这些理由背后的真正原因。在现实生活中很多同学具有虚荣心，想用外在的、表面的荣耀来弥补自己内在的、实质的不足，以赢得别人的注意与尊重。法国哲学家柏格森曾经这样说过：“虚荣心很难说是一种恶行，然而一切恶行都围绕虚荣心而生，都不过是满足虚荣心的手段。”

人需要获得别人对于自己价值的肯定，需要被他所处的每一个共同体所肯定，这是人的自尊和有自我要求的表现。每个人都有维护自尊的需要，每个人都喜欢听恭维、赞扬的话，这在一定程度上也是人的本性的显现。古希腊德尔斐神庙的神谕说：“凡事勿过度。”古希腊哲学的集大成者亚里士多德也主张一个类似于中国古代“中庸之道”的伦理学观点，就是凡事注意适度。伦理学就是告诉人们如何生活的学问，因此古代的先贤们大多主张的都是一个适度的实践态度。四书之一的《中庸》里写道：“不偏之谓中，不易之谓庸。”也就是说，所有的事情都要注意既不要太过头，也不要不足，并且保持这种习惯的恒常性，就是说，不仅仅在个别一两件事情上把握“度”，更要坚持在所有的场合都保持合适的“度”。

如果一个人的自尊心表现得过于强烈，时刻渴望获得别人对自己的重视、尊重和赞扬，而自身又缺乏过人之处，不具备足以令人称道的实力，则不得不寻求其他手段，如借用外在的、表面的，甚至通过拉帮结派来象征性地满足自尊的需要。这样的人，从本质上是自卑的，缺乏对自身价值和能力的信心。虚荣心理往往是那些缺乏自信、自卑感强烈的人进行自我心理调适的一种结果，为了掩饰自我力量的虚弱，很多人就会在外在、肤浅的事情上和别人攀比，企图通过这些东西的"胜人一筹"来提高自己的价值。

虚荣的人与他人比较的目的是什么？或为了让别人羡慕自己，或为了能掩盖自己的弱势，或为了让自己有更大的幸福感，又或者以上三者兼而有之。但是，每一次获得想要的东西之后，是不是就真的从此快乐无忧了呢？答案未必是肯定的。有心理学家用这样一个情景来比喻攀比和幸福的关系：两个人在一条风景优美的路上散步。他们的幸福度取决于两个方面，一是欣赏风景所带来的愉悦；二是相对位置所带来的快乐，即在位置上的领先者更觉幸福，而落后者则不快乐。一开始，两人都走得比较慢，甲走在了乙的前面。

从欣赏风景角度，两人都得到了精神上的愉悦，很是幸福。而从相对位置来讲，甲快乐，而乙不快乐。为了赶上甲，乙加快了步伐。相应的，为了能让自己始终保持领先，甲也加大了脚步。就这样，两人越走越快，从最初的散步，到大步流星，再到后来的奔跑……从位置排列角度上来看，两人总体的幸福是没有任何改变的，因为最终总还是一人在前一人在后。但从欣赏风景角度获得的幸福却降低了，因为两人将他们的精力都放在了奔跑上。

同学间很多比较产生的也是相似的结果。比较的方面数不胜数，比成绩，比身高，比外貌，比穿着，甚至比家庭背景。别人有些什么，是不是比我多或比我好，这本身并不是坏事。因为正是有了比较，才能发现自己的不足之处，才有了要进步的动力，才有了榜样。但是，究竟应当在哪些方面跟人比，在何种程度上跟人比，就是我们成长过程中自我定位最重要的部分了。

一个理性的人，懂得分清楚什么样的追求才是有价值的。比如对于外在物质条件的追求，就不见得一定是有价值的追求。尤其是对于正在求学的青少年而言，由于物质条件大体上只能由父母来提供，如果一味追求物质条件进而相互攀比的话，实际上比的是父母的收入和社会背景。

由于我们不能创造什么物质条件，这些物质条件就算再好也体现不了我们自身的价值，它们体现的只能是父母劳动的价值。真正能够体现人的价值的，都是靠一个人自己的努力所创造的东西。虽然父母们拿成绩来衡量小孩显得过于功利，但是这其中体现了一个重要的道理。那就是，成绩是一个人自身努力的最可靠的体现，因此成绩被认为代表了一个人的优秀程度。当然这也不是个绝对的真理，有很多天才，在考试中不一定总能取得好成绩，也并不是所有成年后优秀的人都有着儿时引人注目的成绩。但是一分耕耘一分收获，你的付出总会体现在成绩中。因此对于成绩的追求相比于对物质条件的追求而言是合理得多的。

外在的物质条件好坏如果不能体现价值，那么不妨仔细想想自己有哪些可以体现自身的价值？自己到底真正在乎的是什么？又如何能实现自己的目标呢？同样地，让我们用一个故事来看看没有认识到自己的价值而盲目比较的情形会是怎样的。

有一个钟表店老板发现有个中年人每天中午几乎总会在店门口出现，掏出怀表与自己店里墙上的挂钟对一下，随后匆匆离去。过了一段时间，老板终于叫住这个中年人，问道："你每天这个时候路过我的店都要停一下，为什么？"中年人说："我是你们商店斜对面工厂里的领班，每天中午负责放号笛，所以不得不在每次放号笛之前来贵店对时。"老板大吃一惊："竟有这样的事情！我们店里所有钟表的时间一向都是按照你们厂中午鸣放号笛为准的！"

猛一看会觉得这两个人很好笑。每天都那么认真地对时，折腾了好长时间却完全没有把握好自己一心想达到的状况。但是在看笑话的同时，也可以看到人在一心与他人比较的过程中非常容易陷入误区。这种误区的陷入，严重的甚至会影响到人的一生。虽然在过程中不断努力，但是如果从一开始就是在这个误区中出发，那么越多的努力只会让自己陷得越来越深。原本和别人的比较是为了让自己变得更好，但是，最后却陷入了一轮又一轮无休止的恶性竞争中，而当这种竞争出现在物质生活内容上时，所有的负担毫无疑问都会转嫁到爸爸妈妈身上，因为父母才是供给你物质生活的人。

正如前面说过的那样，能让别人真心佩服、“给足面子”的强者都是在不断挑战自我中成长的。真正伟大的人，决不会把自己的光鲜外表建立在父母的沉重负担上。优秀的运动员总是在乎自我超越，总说只有自己才是真正的敌手，不断打破自己所创的纪录，这样的比较不仅真实，而且更有挑战性，更值得尊重。你想要的是什么呢？优异的成绩、良好的同学关系、富裕的家庭背景和富足的生活条件？看看哪些是自己可以通过努力获得的。为自己设立一个目标，然后超越它，再设立一个，再超越。虽然做起来确实不易，但是这样的过程才是真正自我提升的过程，是你在用心智去帮助自己不断超越自己的过程。

自我审视，是发展的必要部分。他人的一切优势，不管是成绩、身高还是吃喝穿着，都不是你应当与之比较的对象。因为只有你知道自己的一切特质，也只有你能够制订出最适宜的计划而为之奋斗。

五、帮助别人就是帮助自己

老师总是教育我们在学习上要互相帮助,但是现在竞争那么激烈,我教会了别人,别人成绩反而超过我了怎么办?

先给你讲一个真实的故事。美国南部有一个州,每年都举办南瓜品种大赛。有一个农夫的成绩相当优异,经常是头奖、优等奖的得主。他在得奖后,总是毫不吝惜地将自己的南瓜种子分送给街坊邻居。

有一位邻居对此感觉很诧异,便问他:“你的奖项得来不易,每次都看你投入大量的时间和精力来做南瓜品种的改良,为什么你还这么慷慨地将种子送给我们呢?难道你不怕将来我们的南瓜品种会超越你的吗?”

这位农夫回答:“我将种子分送给大家,帮助大家,其实也就是帮助我自己!”

此话怎讲?原来,这个农夫所居住的乡镇是典型的农村形态,家家户户的田地都毗邻相连。如果农夫把他得奖的南瓜种子分送给邻居,邻居们就也能改良他们南瓜的品种。如此一来,在给邻居们带来好处的同时,也可以避免蜜蜂在采蜜的过程中将邻近的较差品种的花粉传播到这个农夫自己的南瓜上,这样,他才能够专心致力于南瓜品种的改良。相反,如果农夫将得奖的种子一直小心翼翼地藏着,不肯与人分享,那么邻居们在南瓜品种的改良方面势必会放慢速度,蜜蜂就容易将那些品质较差的花粉传播到农夫自己的南瓜上,在这样的情况下,他必须在防范外来花粉方面大费周章。

就某方面来看,农夫和他的邻居们是处于相互竞争、互为对手的形势。然而双方却又处在一种十分微妙的合作状态。表面上看起来,这个农夫有点傻,自己花了那么多的时间和精力获得的成果,怎么就那么轻易地让别人无条件分享呢?而且还年年如此,绝对不是一时兴起可以解释的。农夫有见地的回答让人茅塞顿开。原来这个看似吃亏的行为,却是完全有利于农夫自身的发展的。很多事情的利害关系并不像他们表面呈现的那么简单而分离,看似立即有利可图的事情,也许会让你错失仅仅再多等待一天就可以得到的更宝贵的东西。看似吃亏的情况,也许恰是一次重大回报即将到来的福音。遗憾的是,能够像这个睿智的农夫那样透过表象明白个中道理的人着实不多。这个道理同样适用于我们每个人的学习和生活。

小磊和鸣鸣原本是好朋友,小磊成绩不太理想,而鸣鸣则是班里的尖子生,所以小磊希望鸣鸣能够在学习上多帮助自己,可是每次小磊问鸣鸣问题他都吞吞吐吐敷衍了事,甚至会借故离开,小磊非常生气,觉得交错了朋友,这么点小事都不愿意帮自己,于是再也不愿意搭理鸣鸣了。

有些人自己成绩很好,却只顾经营自己的"一亩三分地",不愿意帮助周围的同学,害怕一旦教会了别人,自己好学生的地位就会受到威胁。而另一些人不仅自己学习良好,而且还带动了身边的同学共同进步。为什么同样的"好学生",在分享与合作方面的表现会有如此大的差别呢?这个问题引起了很多心理学家的兴趣。

有心理学家把人们对能力或智力持有的观点分为两种:实体观和发展观。持实体观的人认为人们可以学习新东西,但是智力水平并不能真正改变,因此智力和能力从本质上是固定不变、不可发展的。而那些持发展观的人则认为智力或能力通过学习是可以改变的。对比刚才我们提过的两种"好学生",对能力持有实体观的人总是希望通过自己成功完成任务来显示自身能力水平的高低,他们更关心自己和别人的智力或能力有多高、有多强。在他们看来,智力是固定不变的,而学习成绩反映了一个人稳定的智力和能力,所以他们更重视学习成绩这个明确的结果,更在意是否得到了满分、在班里的排名是多少等等。一旦学业任务遭遇失败,他们更倾向于认为失败的原因是自己能力不足，而这个能力又是天生的，自己没办法改变的。所以，他们不愿意帮助别人，不愿意与人分享自己的成果，认为一旦别人多学会一点东西，就意味着自己被超越的可能性又大了一点。

那些只顾耕耘自己的“自留田”的“好学生”就属于这种情况。持能力发展观的人更多以学习本身作为追求目标，在他们眼中，能力是可以通过学习得到提高的。他们更关心在追求成功的过程中自己能力发展的情况。他们的能力观和智力观是动态的、发展的，而不像实体观者那样是固定的、绝对的，所以他们不把对自己能力高低的评定和最终的学业成绩结果放在高于一切的位置。

在他们看来，成绩只是一种达到目标方式的有益反馈，是对自己今后改进能力、提高策略的一种提示。他们愿意帮助周围的人，因为与别人分享的同时，自己的能力也会得到锻炼。所谓“教学相长”，他们深谙能够通过表达来实现给予他人的能力不是单纯自己掌握知识就可以比拟的。他们对自己能力的评价不是基于与他人的比较获得的，而是与自己的已有成就比较，因此不需要通过打击、阻碍别人的进步来保证自己的领先地位。他们一直处于不断发展之中，这样的人是健康主动的，也是受人欢迎的。

回过头来看看鸣鸣和小磊之间的矛盾。站在鸣鸣的立场来看，当小磊问他题目时，他的心里可能很矛盾。一方面他也愿意帮助自己的朋友，另一方面他可能害怕小磊学会了就超过他。他没有勇气失败，更没有勇气输给别人，在他的眼里成功可能就是超过所有的人，取得最好的成绩。因为总怕别人超过他，所以即使考试成绩很好，鸣鸣未必总是能体验到成功的快乐。从这个角度上说，鸣鸣也是值得同情的，因为他背负着维系“优秀”的包袱，他失去了通过帮助他人提升自己的机会，他的友谊也因此受到了威胁。与此同时，我们也隐约体察到了他内心深处的不自信和不安全感：怕被超越、对自己能持续取得进步没有信心。我们可以发现，对智力和能力的不同态度，导致了不同的行为反应。有人愿意分享，有人漠视甚至敌视他人。

还有一点我们需要明白，人类之所以得以延续并发展，全仰仗相互合作、奉献以及对他人的兴趣。因为与大自然相比，人天性柔弱，必须结成群体才能生存，正是在群体生活的过程中，人类逐渐发展起能使种系得以生存和延续的一些规则。阿德勒曾经说过：“我们在现代文化中所享受的各种利益，都是许多人奉献出自己力量的结果。假使个人不合作，对别人不感兴趣，而且也不想对团体有所贡献，他们的整个生活必然是一片荒芜，他们身后也留不下一丝痕迹。只有奉献过的人，他们的成就才会保留下来。他们的精神会持续下去，他们的精神万古长存”。给予是能力的最高显示，在给予的过程中，我们体验到了自己的力量、财富和权力，在帮助他人的同时，也在不断强大、丰富着自己。

从自我完善的角度来说，成功的意义不仅仅在于打败对手，更重要的是要通过自己一点一点的努力不断地超越自我，只要努力了，进步了，我们就能够感受到成功的快乐。如果你的身边有像小磊和鸣鸣这样需要辅导和理解的同学，也请你无私地给予帮助和关怀，在相互扶持的过程中，你不仅能赢得他人的友谊，更可能收获一个更优秀的自己。

六、在与异性的交往中丰富自我

以前很少和女生一起玩，现在突然发现和她们交往很有意思，很多青少年都觉得这是不是有早恋的倾向？

这是一个丰富的人生经历，不能简单地回答是与不是。也许你还没有明显地意识到，但是有些事情却在不知不觉中发生着、变化着，突然有一天你发现那个从前只会傻笑、讨厌难缠的女孩现在变得文静、内敛，身上似乎有某种气质变得越来越吸引人了；而正在成熟的男生和之前那个调皮邋遢的小男孩也大不一样，他果断、幽默又有思想，似乎也很有魅力的样子……

异性交往在每个人成长过程中的各个阶段都是不可缺少的。对于异性好感的萌发是人的一种与生俱来的本能。到了青春期，这种需求就会很自然地表现出来。青春时期的少男少女们都渴望同异性交往并建立起良好的友谊关系。女生会变得喜欢和男生交流，对他们的世界感到好奇并试图了解。男生虽然不像女生那样善于交谈，但他们可能会通过和女生打闹来表达自己交流的愿望，有时候连他们自己都不是很明了自己这么做的原因究竟是什么：比如偷拿女生的东西、拉女生的衣服或者故意拿粉笔头扔女生。这些行为看似调皮顽劣，但却增加了男生与女生的接触机会。

在绝大多数情况下，结识和结交异性朋友并不是什么坏事。一般说来，女性的情感比较细腻温和，富有同情心，在交往中容易给人宁静和温暖的感觉；而男性的情感粗犷热烈，且比较外露，能够以热情感染他人，常常让人感觉快乐。在与异性的交往中，我们还获得一个特别的表露自身感受的机会。男生向女生吐露自己的不幸和难堪，可以在同情声中平静下来；女生向男生诉说自己的犹豫和愁苦，可以在鼓励声中振奋起来……这种异性间的情感交流是微妙的，也是在同性朋友身上所得不到的。这是因为，男性与女性在生物学上的差异，会在某种程度上促进形成不同的性格倾向。这些性格倾向又被后天的社会力量和习俗所强化，并且在我们的意识中被作为“标准”而采纳。这些标准由于被我们认同，就成了塑造自我的参照物。

因此，男生会按照他们认同的男性角色来塑造自己，女生也会按照她们认同的女性角色来塑造自己。与此同时，在男生女生相互的交往过程中，双方各自的性别意识都会得到增强，会不自觉地用“理想”中的行为表现来要求自己。比如，女生在男生面前会表现得更加温柔、恬静；而男孩也会为了成为一个“男子汉”或者“小绅士”而显得更加沉着稳重和体贴。

有位心理学家甚至这样说道：“男人真正的力量是带一点女性温柔色彩的刚毅。”可见，如果把握得好，异性交往完全能够成为我们培养良好个人素质的绝好过程。一个人的交往范围越广泛，和周围生活的联系越多样，他自己的精神世界也就越丰富，个性发展也就越全面。虽然说越广泛的交往可能使得我们暴露在更加复杂的情况中，但是与不同性格特质的人交往的经验是一个人生活和反思的最为重要的背景。只在同性圈子里交往的人的心理发展往往是狭隘的，因为尽管同性朋友间的个性也存在差异，但这种差异远不如异性间个体差异明显和多样。而同时有两性朋友的人之所以常常表现出更为豁达开朗的性格，情感体验比较丰富，意志也比较坚强，并不是偶然的。不同交往对象的个性渗透和反馈，丰富了他们的个性，让他们的发展更为完善。

我们已经知道了异性交往对人格丰满的重要性，如果相处得当，每个人都能从与异性的互动中获得发展的助力。但不可否认的是，异性交往有时也确实会带来负面的影响。

文清从小就是父母和老师的骄傲，她长相出众，性格开朗，学习勤奋，成绩也都一直名列前茅。但是进入初三之后，她的成绩忽然很快下滑，有次数学测验竟然没有及格。眼看就要中考了，文清的表现让老师和家长都非常焦急,经过一番调查了解,班主任发现文清和班里一个男生交往甚密。在一次上课中,班主任发现文清至少用了半节课的时间盯着自己的笔袋,后来才了解到这是那个男生前几天刚送给她的礼物。发现了这个情况之后,家长和老师就开始用“早恋”的理论来“轰炸”文清。这令她非常苦恼,因为她不认为自己的成绩下降是所谓的早恋造成的,但是成绩下降又是不争的事实。现在众人的横加指责让原本就苦恼且成绩下降的她更加焦虑不安。

青春期萌动的爱情,就如微睡的火山。师长面对早恋之所以如此紧张的确是事出有因的,很多憧憬恋爱或对某个异性产生好感的学生都会出现不少状况:开始过分关注自己的外形和穿着打扮;上课可能会若有所思,时常开小差或者心事重重;因为过分投入恋爱中而和其他同学的关系疏离而显得不合群;与某个异性书信往来或者日常往来过于频繁而无暇看书;天天沉迷网络聊天等等。其实师长们所担忧的往往不是恋爱本身,他们也知道恋爱是人生中最美好的事情,但是就害怕年轻的我们稍有不慎而掌控不了合适的度,害怕因此而造成以上那些他们怎么都不愿看到的结果。尤其是成绩的下滑,因为学习毕竟是年轻的我们最应该付出努力和最看重的。父母们可能不善说理也不善表达,他们在着急和担心时只能对着我们说一些片言只语的话,比如类似“不准谈恋爱”,“好好学习,其他心思不能有”之类的话,这些虽然听上去像是父母极其不通情理和专制的表现,但是我们要知道,父母也不都是心理学专家和社会学专家,他们可能无法分析得清楚这其中的种种缘由,他们也不是都具有很好的口才,不能很细致清楚地表达思想。

此外,由于他们身处具体的情境中,比如当一个父亲或母亲的青少年陷入早恋不能自拔的时候,这个父亲或母亲必将是心急如焚,甚至可能根本控制不了自己的情绪,因此给予青少年的反馈有时在青少年看来就相当武断甚至粗暴。其实,爱是人类最美好的情感,但美好的情感需要加上合适的时间和妥当的把握才更珍贵难得。与其莽撞地破坏这些朦胧美好的情感,不妨尝试着将这份美好转化为自己不断进步的动力,让自己更值得被他人肯定与认可。要学会理性地经营自己,就应该知道,一旦学习受到影响,自己便不会再处于一个比较稳定和谐的状态中,那么这样的自己是无法更好地维系和经营美好的爱情的,它只会破坏爱情。要成为一个心智健全的人,就要学会一个原则,即不要为了图一时的快乐而抹掉未来幸福的可能性,不能只管眼前不管后果,因为这个后果最终还是会由自己承受。如果有一天你发现自己为了当初的所作所为而后悔,这种感觉是非常糟糕的。

日本电影《四月物语》讲述了一个美好的故事,一个笨拙的高中女生期望在大学校园里和昔日暗恋的心上人不期而遇,执着地努力着,终于实现了这个美好的心愿。

每年樱花飘飞的四月,是日本大学开学的日子。对来自北海道的17岁少女榆野来说,更象征着一个秘密梦想的开花结果。与父母家人道别后,榆野便孤身一人踏上全新的旅程,来到东京的武藏野大学念书。新的城市、新的环境、新的房子、新的邻居、新的脚踏车……

一切都是从未有过的经验。在班上作自我介绍,当被问到一个理所当然的问题:“为什么会选择武藏野大学,而不是别的学校”的时候,榆野的脸却突然变得绯红,一颗心开始怦怦乱跳。是的,榆野选择武藏野是有原因的。只是,这只属于她一个人心中的小秘密怎么能告诉别人呢?武藏野,武藏野……只要每次提起这名字,榆野都会面红耳赤。她想起的,不是名作家国木田独步写的《武藏野传奇》,虽然她还是因为这个相同的名字而买了那本书,但真正让她心跳在意的却是一个在北海道绿油油的田野里弹着吉他、身材高大、名叫山崎的男青年。去年,山崎去了东京的武藏野大学念书。为了接近他,榆野也来到了东京,来到了武藏野。不但如此,榆野还知道了他居然在大学附近的武藏野堂书店里当兼职售货员。榆野经常怀着这份暗恋的心情前往山崎打工的武藏野书店看书、买书。终于,在一个雨天,榆野与山崎进行了交谈。离开书店之后,榆野在雨中突然想到成绩不佳的自己竟然通过努力考到了著名的武藏野大学,真的是一种爱的奇迹……

年少时光的爱恋或许不是完美的，或许是无法遮挡风雨的，却始终有着一抹艳丽的红，让青春的心充满着悸动。同是那一抹绚丽的红，在长辈的眼中，却成了危险的信号。于是，父母可能会趁我们不在家的时候翻看我们的物件；可能会在我们煲完“电话粥”之后询问对方是男是女；可能会时不时唠叨同样的一句话“你还小，要认真读书啊，千万别与异性交往过密啊！”对于父母的初衷，我们应当予以理解，不论是反对还是提醒，他们都是希望我们能更顺利地成长，希望我们不会做出让自己后悔的事。作为一个成熟的人，我们也应当为认真走好自己成长中的每一步，为自己的人生负责，在异性交往中做到自尊自重、举止适宜。很多伟人对待爱情的态度和方式也是值得我们学习的。比如马克思和燕妮的爱情故事：

17 岁的马克思非常喜欢燕妮，燕妮出身于贵族，从小受到良好的教育。马克思的父亲说：“你是一个有志向的男子汉，你必须克制自己，你必须为你的所爱的人负责。”为此，年轻的马克思发奋努力，考入了波恩大学，次年又转入柏林大学，四年后取得博士学位，这才确立了与燕妮的恋爱关系。

成熟的爱情，应当总是能够激励人成长和进步。因为，如果你真的喜欢一个人，你会希望他或她越来越好，会希望他或她将来是一个出色且受人尊敬的人。现在我们是青少年，也许 10 年，又或许要 20 年之后，我们才能出落成心智成熟的、优秀的人。

处于成长蜕变期的我们，都要经受很多考验和挑战，这些路都是要我们自己亲身去经历的，如果在这条路上，能将对他或她的喜欢也化为鼓励和支持，将是多么美好的事情。如果碰巧他或她也对你拥有这一份美好的感情，那么两颗年轻心灵的相互欣赏和激励将会是多么值得珍惜。

七、集体活动中增强发展力

老师们总是强调集体内聚力，集体对个人成长具有怎样的意义？集体很重要，在我们成长的不同阶段有不同的意义。孩提时很多人玩“过家家”游戏，那时的我们快快乐乐地参加到青少年们的家庭中，当个小角色。大点儿的们当爸爸妈妈，小点儿的自然就当孩子，各得其所，乐在其中。在这一过程中，孩子们能渐渐学会与人和平共处，得到点滴人际关系的经验。目前大多数家庭都只有一个孩子，在家中他们习惯于独占一切玩具。与大人做游戏时大人迁就，不能学会体谅别人。而同别的孩子一起玩耍时一不能独占，二要听从吩咐，三要体谅别人，否则会遭人拒绝。青少年们都害怕别人不同自己玩，处处要使自己符合大家的意愿，这种经历的影响是家庭和父母不可能代替的。

我们经常会听到小朋友对大人说“某某小朋友就是这样做的，我和他一样。”“我们都这么想……我们都喜欢……都讨厌……”示意我们和其他小朋友是一样的。逐渐开始什么都以“我们”表达，这个“我们”可以加上任何的动词，表示我们如何、我们做什么，诸如我们喜欢、我们害怕、我们读书等等。如果我们的相似性需求缺少了，没有得到满足，就会感到极度孤独，而且也缺少了学习生活技能和能力的模仿对象及动力。

青春期更是在自己的同龄伙伴中寻求支持力量和学习的信息。伙伴之间的举动和言谈会形成连锁反应，在各种活动中相互模仿，在相互模仿中产生快乐。从话题口语、兴趣爱好、服饰发型、歌曲影视到观点态度，“我们”或者说“我们都那样”成了一切行为产生最充分的理由。只要形成了同伴群体的“我们”意识，相互接受，相互视为“自家人”“一伙人”，当我们在同伴群体里有一种融入感时，这种群体内的影响力量就会变得强大。

曾有两位大学生这样回忆道——我小的时候很害羞的，从来不敢在大庭广众之下说话。记得有一次为了给小组赢得举手发言的评分，我硬着头皮主动站起来发言。当时纯粹是为了小组多得几分，没想到倒是锻炼了我的胆量。现在在众多人面前讲话一点儿也不觉得扭捏了。

你看到现在能够站在台上演讲的我，可能怎么也想不到我曾经是个说话就脸红的人。现在想来还真得感谢一次诗歌朗诵比赛，那时的我为了不拖小组后腿，自己拼命下功夫反复练习，最后和小组伙伴们一起站到讲台上表演，反响很好，从此我说话也逐渐变得自然大方了。

两位大学生的回忆反映了集体凝聚力对于青少年的发展具有强大的影响。也许，在他们当初为了集体的利益而鼓起勇气突破自己的障碍时，根本没想到那一行动会引起自己成长的巨大变化。

能够让每一个成员在群体活动中获得自尊需要的满足，为集体的成功产生自豪感，这就构成了集体凝聚力的基础。一些弱小的个体原本无勇气改变自己的弱点，在集体中，他们的胆量变大了。同样，一些自控力不强的青少年，他们会为了集体的荣誉，生成自制力。“我们”的荣誉在学生的心里就像一道难以违抗的命令。他们会以从未有过的毅力，强迫自己执行集体的规定，改变不良的习惯。

人类的学习，多数是在社会交往中，观察模仿而成长的。哪怕没有外界的直接鼓励，仅仅是通过观察，也可能产生主动的学习，尤其是那些受到众人关注赞赏的行为。在氛围良好的集体中，成为集体中不可缺少的一员，我们会努力向伙伴学习，将受欢迎伙伴的优点长处变为自己努力的目标，是最早的理想自我选择。

有这样一个学生，可能因为长得特别神气漂亮，常常受到成人的称赞，无形中形成了不良的个性特征，表现得与同学格格不入，学习也没什么热情，老师还批评不得。有一段时间他却有了明显的进步，特别是在一次春游时，老师看到了意想不到的现象：他默默地蹲在草地边上，拣着游客乱扔在那儿的垃圾，甚至用双手捧起一捧散落在地上的面包渣。老师感动地夸奖他，这位学生非常认真地对老师说："我看到蒋××在这么做，我是跟她学的。"他说的蒋××是班级里一位很受同学欢迎的学生。这种举动以前在这个骄娇二气都挺重的青少年身上是不可能出现的。这一变化与那一段时间进行的集体活动有关，他们小组以他为主准备了一项科学小实验，他干得很出色，并且代表小组向全班作介绍，受到老师和同学的赞扬。正是从班级活动中感受到了自己的优势和在同学眼中的良好形象，使他主动地以好学生的标准要求自己了。

我们童年中形成的良好伙伴关系对我们的发展产生了推动、驱策和引导等各种影响。这些影响的产生也要以伙伴关系的联结为基础。与成人不同的是，童年时的我们对伙伴群体的情感联结需要在平等合作的活动中形成。当我们融入群体活动中，就会自动地将伙伴感受的意义内化为我们自己的意义，从中确定和获得自我调节的方向和力量。当我们将自己视为集体中的一名优秀分子时，对事件的意义感受就会提升，对一般学生不一定具有激发意义的情境会引起他们的注意。为了成为名副其实的好学生，我们也会主动以伙伴中的先进形象为示范，并以此来调节自己，投入类似的行动。

我们同学中常常会看到这样一副场景：几个同学聚在一起开玩笑，玩着玩着，开始争辩起来了……一会儿，他们又在一起欢呼雀跃。一个玩乐的场面带给大家的不仅仅是开心，更多蕴含在背后的是玩笑、争斗给我们带来了什么，我们从中得到了什么。为什么有的人会玩不起，弄不好玩着玩着就生气了，而有的则乐在其中。其实这也是对一个人幽默感、弹性的锻炼。在与他人的交往中，我们学校生活中需要幽默，幽默可以让我们更快地融入伙伴当中，在共同的愉悦中学会如何与人交往。生活中的我们需要弹性，面对不同的情况要不断地调整自己的状态，以不同的姿态去对待当时的情况。弹性是一种心理能力，通过内部和外部"保护性因素"，有弹性的个体在面临压力和逆境时能够很好地应对，而不会被击垮。小波的经历可以给我们一些启发。

小波中专毕业后在一家单位工作了半年就向公司提出辞职，单位人事和小波进行了沟通。原来小波被调换了岗位，他觉得这个新岗位既辛苦又不开心，同事对他比较冷淡，到了吃饭的时间也没人喊他，直到轮值夜班的同事过来才知道该下班了。他还道出“昨天找过工段长，想让他把我调到和专业相关的岗位工作，他拒绝了，我一气之下走开了。”“晚上打电话告知家里在这边的情况，爸妈说随我意，认为如果真不开心就辞职重新找工作，他们可以帮我。”“我不理解为什么和我同年进单位的同学能干本专业的工作，而我只是像劳务工一样劳动。”……人事告诉他，这种劳动锻炼实际上还有更丰富的意义，比如可以熟悉更多的职工，可以很好地熟悉生产过程，可以了解生产过程中设备出现的问题等等。所以看似在吃苦，实际上是积累。最后，小波有些后悔：“我太冲动了，遇到点问题就想逃，对自己挺不负责任的。如果早知道这些就不会辞职了，可惜已为时过晚。”

现代社会离职、跳槽已很普遍，很多人都想着“干得不开心就走呗”。但是小波的离职带给我们的也许远不仅仅是一种普遍现象这么简单，更多是他的离职带给我们的启示。经了解，原来小波是属于那种乖乖型的男生，在家父母说什么就做什么，在学校听老师的话，平时除了上学就不大出去，也不大参加集体活动，顶多就在家玩玩游戏，需要什么就让父母去买，一直都比较顺心，没遇到过什么挫折，更别说吃苦了。在这样一个简单、单纯的环境下长大的青少年看似一切都过得很顺心，但是无形中他又缺失了更为丰富的东西。当碰到前所未遇的问题时，就无法从多角度、全方位来考虑，更无法很好地调整自己的心态。投入社会生活的青年会碰到很多意想不到的问题，但碰到问题并不一定就是坏事，关键是看你自己有没有这个能力去调整、去解决。但是这种能力也不可能无中生有，学校、家庭，学习、活动等等都在为我们提供实习的场所，我们在这些场所中学习、磨炼、调整、提升。生活中的每一个经历都是在为我们的下一步作积累。

自打进学校起，班上总少不了各种干部，小组长、课代表、班长、小队长、中队长等等，干部们除了搞好学习外，还要为班级、学校的同学做许多额外的工作，小至收作业本、安排值日生，大到活动的组织者、领导者，干部们比一般同学要忙多了。有人说，班干部有啥好当的，一点意思也没有，吃力不讨好，还耽误学习；也有人说，当班干部不就为了发号施令吗，有什么了不起的。该怎么看这个问题？

且不去谈同学当班干部为了什么，但是不可否认的是，正因为他们有了这种身份，要与更多的人接触，要处理更多的事务，也就得到了交往能力、组织能力、管理能力等各方面的锻炼机会。

例如小涛就是这样改变他原有想法的——小涛是一名智商高、知识面广、比较成熟的男孩。初一时开始在班级活动中崭露头角。在当了班级宣传委员后，把班级的黑板报和读书活动组织得像模像样，可他这样干了一学期后却不愿再当干部了。老师动员他继续出任班干部，他却坚决回绝，并且说："当干部太忙、太累了，弄得我学习的时间很紧张。"到了初二年级，小涛又主动竞选班干部，当上了班长。在一次座谈会上，他吐露了内心想法：自己本来以为当干部太费时间。但是，在不当干部的一个学期里，他觉得自己的学习成绩有所下降。他这时候感到，当干部因为要对自己提出高的要求，不仅不会影响自己的学习，反而会促进自己进步。他说："如果我做干部，我会更好地融入集体，带领同学进步，这样对自己也是个约束。而且做班干部还可以锻炼交往、组织等其他方面的能力，一般同学就不大有这种机会了。"

其实，担任学生干部，不仅是为大家服务，更重要的是，可以从中体验到自己生活的意义，体验到自己的潜在能力，在体验平凡生活积极意义的基础上，出现了自我价值体验的转换和升华，学会去追求与同伴需要、社会需要相吻合的自我价值。

青少年都很喜欢学校和班级开展的各种活动，但是并不清楚这些活动对他们发展的作用。

作为学生，发展不仅来自掌握知识，还包括了积极参与学校各项活动。正是这些日常积极的生活方式，对我们的发展产生了潜移默化的影响。借助于集体活动这样的载体,能使我们作为个体建立起有益于自我完善的诸种人际、群际关系,并建构起独特的自我意义系统。虽说我们生来就有自尊的需要,可最初的需要是泛泛的,没有具体指向。活动发展了自我的需要,具体地引导着我们的行为。自我的需要只有在具体的活动中才能构成真正的发展动力。长大以后回忆起来,印象最深的可能恰恰是这些活动了。

一位大学生曾这样回忆道——现在回想中学生活已经有些久远,但那段快乐的时光在我脑中却清晰可见,正是有那段时光,才使我成长为现在乐观、向上、健康的我。

刚入初中时,我被选为数学课代表。当时觉得很开心,也很神圣。便暗下决心:既然担任了这个职务,就要把工作做好,而且对自己的学习更不能放松,否则别人会说闲话的。所以,那时的数学课我都听得特别认真,学习成绩一直都不错,老师对我很关照,同学也很佩服。在同学遇到困难时,我总会义不容辞地去帮忙,总觉得能帮助别人也是一种快乐,觉得自己的价值有所体现。

我不是一个很闹腾的人,但是我很喜欢参与集体活动。凡是班级、学校组织活动我都是能参加的都去参加。就拿运动会来说吧,我绝对不是一个运动健将,我也几乎不会参加什么体育项目,但是我会充当一个绝对敬业的啦啦队员。当看到同学在 4×100 米接力赛中奔跑时,自己也忍不住跟在他们周围,为他们加油鼓劲;当看到同学在篮球比赛中进球时,总是会高兴得蹦起来;当看到同学在比赛中失利而沮丧时,我会奔过去抱住他,拍拍他的肩安慰他……从每一次的参与中,我都能感受到很多平时不能感受到的东西,能够更好地了解自己周围的人,也学着促使自己去思考。

记得初中语文课上曾学过《皇帝的新装》这篇课文,课上老师出了个题目,让大家分组以角色表演的形式将这个故事表演出来,比比哪组的表演最到位、最有新意。当时大家都忙开了,各组分头行动,大家在努力将表演做到做好。由于角色的受限,不可能小组的每个成员都有角色扮演,小组成员就一起讨论组内谁适合扮演皇帝，谁适合扮演臣子，谁适合做“导演”，谁帮助设计发型，还有的同学主动承担起帮忙拿道具、衣服，每个成员都在为表演出谋划策，大家热情高涨。比赛开始了，轮到自己组表演，小组的成员在台下不断地给表演的组员加油、喝彩。当表演评选结果出来时，获奖的小组成员激动得相互拥抱。比赛调动了我们的好胜心，凝聚了我们小组的集体感，也锻炼了我们的组织调动配合能力。竞争中，激发了每位同学的参与，也让我们从中学会了互助和合作，发现他人的优点。

从她的回忆中，看得出那是一段美好而充实的生活。她从每一次的集体活动中感受到积极的意义，有的看似毫无意义的活动，但她能从其中体会到别样的感受，各种各样的集体生活体验丰富了她的个人生活，开阔了她的视野，促进了她的成长，提升了她的组织协调、管理能力。

同龄人之间的交流和合作是我们发展良好状态的标志，也是促使我们进一步发展的一个不可多得的手段。积极参与学校开展的文化艺术创作活动，诸如诗歌、歌舞、小品、知识竞赛、板报、写调研报告等等，都会让我们感受到积极的集体氛围，这种氛围对我们可以产生强烈的推动力。

集体活动可以使我们的价值取向明显丰富和成熟，自我调控目标变得更清晰，我们人际的交往沟通能力和合作创造能力会有较多的机会得到锻炼，并且能强化我们的自信心和自主精神。

第三章 学习是发展的根本

决定一个人的成功与否，有两个前提或者说两个先决条件，其一是自身应具备的素质，其二是外部机遇，而这两者都是建立在不断学习的基础上的，没有不断的学习积累，就谈不上所谓素质，没有过硬的自身素质，外部机遇来了也会从手中滑过。学习对每一个人来说，都是至关重要的，你的学习重视程度，将直接起到决定你命运的作用。我们在电视上经常看到“知识改变命运”的公益广告，通过广告里的一个个生动的事例，形象地说明了改变命运最根本的东西是什么，是知识，知识是怎样获取的呢？是靠刻苦学习积累得到的。

一、从小学到老

每个人都应该有一种学到老的精神,只有每天不断地学习,才能让自己跟上时代的步伐。学习,是一个持之以恒的过程。可能我们有过这样的感受,一些人一毕业就是硕士、博士,但到头来却给一个学历并不高的人打工。原因何在？现在比的不是学历,而是学习的能力。

众所周知,现在知识的更新速度是惊人的,知识很快就会过时。如果你的头脑中只装着那些原有的知识,那么就算你当初吸收得再多,最后还是会落后于别人。所以,现在谁能够坚持,谁能够不断努力,那么谁才是最后的赢家。可能当初人家起点并不高,但是却一刻不停地在前进;你可能当初遥遥领先,但后来懈怠下来,最后还是被人家赶上并超过,就像龟兔赛跑,兔子虽然跑得快,但最后还是没有赢过乌龟。

在当今社会,知识更新的速度越来越快,今天的知识,就成了明日黄花。所以,为了跟上时代的步伐,就必须坚持终身学习。我们只有做到“活到老,学到老”,才能够在激烈的竞争中占有一席之地。

可以看看那些著名的学者、成功者,他们都是一些“活到老,学到老”的求知者,他们把自己毕生的时间和精力都用在学习上。学习,就是对自我的一种提升,就是自我的一种进步。就像我们活着就要走路一样,学习也是这样一个不间断的过程。哈佛大学前任校长说过:“养成每日用10分钟来阅读有益书籍的习惯,20年后,思想将会有很大的改进。所谓有益的书籍,是指世人所公认的名著,不管是小说、诗歌、历史、传记或其他种种。”如果我们每天多抽出10分钟,那么日积月累,这个数字也是惊人的,而我们也会从中学到很多的知识。

也许大多数人都知道“江郎才尽”这个成语，但是这个成语的意思是什么呢？这个成语是如何来的呢？让我们来看看这个故事吧：

有一个叫江淹的人，江淹早年家贫，为了摆脱贫困的环境，所以学习特别刻苦，夜夜攻读到深夜。不仅如此，他还非常善于向古人学习。由于他的这种勤奋和好学不倦，所以他早年便取得了辉煌的成绩，被封为醴陵侯，诗文也久负盛名。但是江淹有“五短”，其中有“体本疲缓，卧不肯起”、“性甚畏动，事绝不行”的恶习。随着官职越来越大，他便放松了对自我的要求，每天不再勤学苦读，以为自己已经苦了太久，该及时行乐了，于是由嬉而随，耽于安乐，学问早就被他忘到九霄云外去了，文才也就一落千丈，“才尽”自然也就不足为怪了。

其实，这个成语告诉我们的道理就是让我们活到老，学到老。当然，在现在这个社会，知识所代表的已不仅仅是一种财富，它还包含着更多的内容。这个世界变化太快，你能适应，就能在激烈的竞争中占有一席之地。这就需要你不断地提升自己，不断地充实自己的头脑以跟上时代的潮流。你的学习能力弱，那么就会成为这个游戏规则的牺牲品。所以，学习已是无时不在、无处不有，已经超过了时间的限制，成为我们一生都要做的事。

当然，学习的最好时段还是青少年时期，这时我们的精力、记忆力都是最好的，对知识可以很快消化、吸收。随着年龄的增长，我们的记忆力便会逐渐下降，学起东西来也会感到力不从心，所以，有些人总会发出这样的感慨：当初能够好好学习就好了，现在想学都晚了。

其实，只要你能觉悟，就永远都不嫌晚。也许，大多数人会认为，作为老年人，已经退出了激烈的社会竞争，他们似乎已经可以停下来，安享晚年，不用再学习了。但事实并非如此。虽然人到老年，记忆力是会下降，但这时他的逻辑能力却会增强，所以，在某些方面，老年时代学习也会有一定的优势，所以，不要将年龄视为一个障碍，真正阻碍我们的，是“心障”。只要你能突破心中的障碍，你就会发现学习永远都不会太晚。

另外，学习并不仅仅是书本上的知识。人们生活的社会也是一本书，而且是一本多姿多彩的大书，需要我们用一生的时间来研读。所以只要你生存在这个世上，你就需要不断地学习。

柳公权的书法尽人皆知，他的书法刚劲有力，和颜真卿的书法并称为“颜筋柳骨”。他还是青少年的时候，有过一次深刻的教训。从那以后，便开始发奋学习。一直到老，他还对自己的字很不满意。晚年隐居在华原城南的鹳鹊谷，专门研习书法，一直到他 80 多岁去世为止。

正如一位著名学者所说：“学习无时不在，无处不有。没有任何人可以摆脱，没有任何人可以例外。”难道不是这样吗？比如一个上了年纪的老人，他眼神也许不好，看书不是很方便，但是，他还会有其他的爱好。别的老人都喜欢钓鱼，整日优哉优哉，你见了很是羡慕，于是便也拿了钓竿和他们坐在一起，这不也是一种学习吗？别人在下棋，你虽不懂，但也凑过去看热闹，久而久之，你也看出一点点门道，不再是一个门外汉，这也意味着你又掌握了一门新的知识。所以，学习不是一时，而是我们一辈子都应该做的事。

知识每天都在更新，如果不努力学习，不坚持学习，你就成了明日黄花。所以，必须坚持每天学习，只有“活到老，学到老”才能为自己争取到更多发展的机会。只要你生存在这个世上，你就需要不断地学习。

二、主动学习

晋代的陶渊明是当时的文学大家。一个年轻人曾仰慕他的学识，特地登门拜访，请教读书有何妙法。陶渊明笑笑说："读书有何妙法？只有笨法。全凭刻苦用功、持之以恒。勤学则进，怠之则退。"少年似懂非懂。陶渊明于是便把他带到自己的田边，指着一棵稻秧说："你仔细地看，看它是不是正在长高。"

少年很听话，弯下腰来看了半天，然后很老实地回答："晚辈没有见它长高。"

"不能长高又为何可以从一棵秧苗长到现在的高度？其实，它每时每刻都在长，只是我们用肉眼是无法看出来的。如果不是这样，它也就不会由种子长成秧苗了。我们学习也是如此。天天苦读，知识自然而然就会装在你的头脑里了。

之后，陶渊明又指着旁边的一块磨刀石问少年："那块磨刀石怎么会有一道道的凹面呢？"

"那是磨刀磨的。"

"具体哪一天磨的呢？"

少年无言。陶渊明又继续说："人们天天在磨刀石上磨刀，日复一日，年复一年，才成这个样子。所谓冰冻三尺，非一日之寒，学习也如此。若不持之以恒，每天都会有所亏欠的！"少年这才恍然大悟。陶渊明见孺子可教，于是又送他两句话：勤学似春起之苗，不见其增，日有所长；辍学如磨刀之石，不见其损，日有所亏。

上面的例子，给我们一个怎么样的启示呢？告诉我们的就是这样一个道理:学海无涯。

是啊,我们每个人只有勤奋学习,才能最终登上知识的最高殿堂。但是,在生活中,我们有几个人能以身作则,主动、勤奋地去学习呢?古人云,读万卷书,行万里路。这句话道出了人的一个秘密。即人都是有其局限性的,但人却又总是希望能够超越其局限性。读万卷书是心灵的超越,行万里路是身体的超越。

有许多人,他们一生都在学习,他们学习是因为知不足;知不足,所以才可以进步。山外有山,人外有人,勤学不辍,博采众家之长,不断进取,才有可能出人头地。

北宋著名学者、政治家、军事家范仲淹在童年时期,就酷爱读书。由于家境清贫,上不起私塾,10岁时住进长山醴泉寺的僧房里发愤苦读,每天煮一小盆稀粥,凝结后,用刀划成四块,早晚各取两块,再切几根咸菜,就着吃下去。

范仲淹为了开阔眼界,寻访良师,增进学识,便风餐露宿,千里迢迢来到北宋的南京应天府(今河南商丘),进了著名的南都学舍,他昼夜苦读,"未尝解衣就枕"。在冬夜里,读得疲倦时,他就用冷水洗洗脸,让头脑清醒过来,继续攻读。正是这种苦读,使范仲淹终成一代文学家。

另外,在我国历代帝王中,勤学的例子也不在少数。康熙皇帝就是一个很好的例子。康熙在历史上被称为"圣学高深,崇儒重道",是中国帝王中学识最渊博的一个。他年轻时读书读到呕血,其进步速度也很快,一位博学的国师因认为自己已经没有东西可以教给他而告老还乡。在他继位后还专设了南书房,有空就潜心学习,钻研问题。

由于他勤于学习,故而知识渊博,学贯中西,文武双全。因此熟悉经史,深悉治乱之道。他接受汉景帝时吴楚七国之乱的教训,反对杀掉那些主张撤藩的大臣。料到"撤也反,不撤也反",毅然下令撤藩,终于平定了"三藩"。进而以其卓越的军事才能,祖国统一,平定噶尔丹之乱,抗击沙俄侵略以保卫祖国,从而巩固了清王朝的统治。他虽称守业,实是清王朝的开创者之一。因他"崇儒重道",能继承前代贤王的治国经验,勤政爱民,发展生产,铺就了康乾盛世的基石。

是啊,每一位成功者,都是一个勤奋者,他们勤奋学习、主动学习;他们勤奋工作、主动工作,所以,他们获取了成功。也有一部分人会说:我也勤奋学习了,但是我学不进去,今天学的东西明天就忘了,怎么办呢?

其实,我们每个人的资质都差不多,但却总有人学东西快,有人学东西慢,于是我们便认为那些学东西快的人聪明,脑子好。其实并非他们的智力比我们超群,而是他们的精力比我们更集中,所以反应也就比我们更快。这种精神的集中程度有的是天生的,有的则是经过后天培养得来的。

所以,学习并不是抱着书本读,而是需要专注地用心去理解,去消化。虽然专心地学习很困难,但是,如果你想有所成就,那么你就必须学会专心。也只有如此,你才能有所收获。

学习需要主动,只有主动学习的人才能有所收获。但是有多少人能以身作则,主动、勤奋地去学习呢?所以希望那些不主动学习的人,赶快加入主动者的行列吧,只有如此才能跟上时代的步伐。

三、多元化学习

学习应该有一个态度，那么用什么样的态度去对待学习呢？“海纳百川”，是我们每个人都应具备的学习态度。大海，宽广，而且永远都是那么的波澜不惊。海之所以为海，就是因为它从不拒细流。所以，才有了波浪滔天。

有这样一个词：多元化学习。这个词正是希望人们在学习上吸收多方面的知识。不是有这样一句古话“技多不压身”吗？也同样告诉大家，学习是多元化的，并不是单一的。

有这样一则笑话：一天，老鼠妈妈带着小老鼠出去散步。谁知不巧，偏偏被一只猫撞到了。猫此时正饿得饥肠辘辘，见有美食，岂肯放过，于是一下就扑了过来。老鼠妈妈见此，立刻带着小老鼠飞奔起来。但小老鼠太小，跑不快，被远远落在后面，眼看就要成为猫的美食了。这时，只听前面忽然传来一声恶狠狠的狗叫声。猫顿时吓得停住了脚步，四处张望，此时，犬吠声又传来，而且比刚才还要响亮。猫一听大事不好，丢下小老鼠自己逃命去了。小老鼠吓得不知所措，半天站在那里一动不动。就在这时，只见老鼠妈妈大摇大摆地从旁边的垃圾桶里钻了出来，对着它说：“孩子，这下看见了吧，多学一门语言对我们来说有多重要啊！”

一个人的知识总是有限的，只有众人集合在一起，力量才是无穷的。尤其是现在的科学高度发达，各学科的知识深度不断增加，几乎没有一个人可以完全掌握自己所需要的知识，这时就更需要我们之间进行交流。

所以，对于有益的知识，我们应该像大海那样，用宽广的胸怀来接纳。用知识来丰富我们的头脑，让智慧来为我们指引道路，我们将会一步步走向辉煌。

孔子说:“三人行,必有我师焉。”意思是说,三个人同行,其中必定有我可以学习的,我要选取他们的优点学习。身边那些有成就的人,必定都是一些善于学习的人。

有一位学者说过:“其实,就人一生需要获得的各种知识来说,学校的教育是很必要的,但同时又是很有限的。”是啊,在校学到的知识毕竟有限,大部分的知识仍然需要我们在生活中不断地学习,只有这样,才能不断提高自己,取得更好更大的成绩。

当然,我们对知识的吸收是越多越好,但这并不意味着我们失去了对知识的选择。因为,知识也分善恶,有的对我们有益,有的对我们有害,对此,我们一定要区别对待。有害的知识给我们所造成的损失是巨大的,对这一点,我们一定要加以提防。思想对一个人所造成的腐蚀是比任何毒品都更厉害的,尤其是对于青少年。青少年单纯,就像一张白纸,如果遭到不良思想的侵蚀,其危害也就更大。作为青少年,有了一定的判断能力,但这也不意味着从此就可以百毒不侵。我们身边有不少这样的人,因为受到不良思想的蛊惑而失足。

中东地区有两个海,一个叫伽里里海,一个叫死海。两个海的源头同为约旦河,但是景象却完全不同。伽里里海的海水在阳光下跳跃,鱼儿在水里自由地嬉戏,人类在周围建造着房屋,而鸟类也在枝头搭建着自己的巢。这里一片鸟语花香,生机勃勃的景象。但是死海却全然不同,没有鱼的欢跃,没有鸟的歌唱,周围也是寸草不生,到处一片荒凉。两者的差别为何会这么大呢?原来伽里里海的海水有进有出,接受与给予同在;而死海呢,虽然也接受约旦河的河水,但却从来不把水放出去。于是,海水一天天地蒸发,而水里的矿物质也慢慢沉淀下来,因此盐的浓度升高,没有任何生物可以在这里生存。我们的学习也是这样,不能只进不出,而是应该相互的交流。现如今知识的更新速度惊人,老是抱着旧有的思想就会被生活所淘汰。而且一个人的头脑总是有限的,就像一只盛满水的杯子,无论如何是再也倒不进水去的。

学习，就是知识的不断更新，只知抱着旧有的知识，就难以吸收新近的知识，而固守旧有的知识，就会造成思想上的僵化，最后沦为一片“死海”。学习，就是取人之长，补己之短，不断提高“最短的木板”的尺度，才能容纳更多的东西。

有人说：“用知识来丰富我们的头脑，让智慧来为我们指引道路，我们将会一步一步走向辉煌。所以，每个人都应该像大海一样，接纳对我们有益的知识。

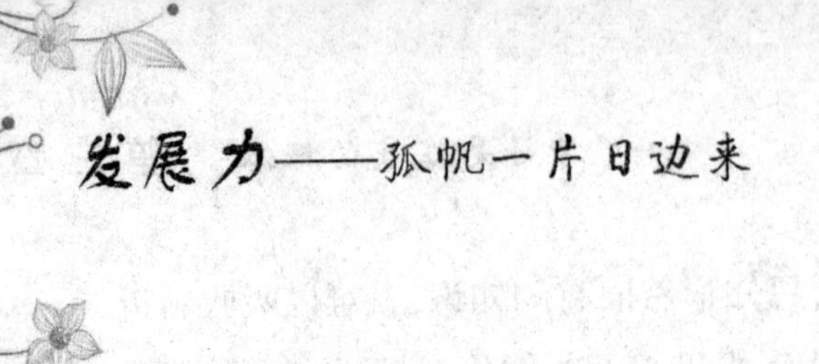

四、打破你的思维定式

什么是思维？思维是人类最为本质的特征，是人类一切活动的源头，也是创新的源头。任何的创造、发明都需要思维。有了创新思维人类才能越走越远。

每个人的思维一直都处于发展、变化的状态中，但也会存在一种相对稳定的状态，这种状态是由一系列的思维定式所构成。人类每天都在不断地发现问题、研究问题、解决问题，这些都是凭借原有的思维活动进行思维的。

有部分人也许会问，那么，会不会形成一种固定的思维模式呢？其实这种情况在生活中一直都存在着。我们来看看这个故事。

曾经有位拳师，熟读拳法，与人谈论拳术时常常滔滔不绝，口若悬河。拳师打人时也确实战无不胜，可他就是打不过自己的老婆。令人难以置信的是，拳师的老婆并不是一位身怀绝技的武林高手。她只是一位不知拳法为何物的家庭妇女，但每次打起来，她总能将拳师打得抱头鼠窜。

有人问拳师："您是不是怕老婆才不敢打胜仗的？"

拳师恨恨地道："这个死婆娘，每次与我打架，总不按路数进招，害得我的拳法都没有用武之地！"

拳师精通拳术，战无不胜，可碰到不按套路进攻的老婆时，却一筹莫展。看起来有点可笑，但生活中我们不也常常犯这种错误吗？

"熟读拳法"是好事，但拳法是死的，如果一切都从书本上照本宣科，一直运用这些固有的死知识，那么到最后终究会遭到失败。

人生一直都是在不断地进行尝试，在这些尝试中，适当地加入一些新的元素有机会获取更多的东西。也许会走进死胡同，但是，走错了路，大不了再调头，沿原路返回。要知道没有冒险，就没有创新，就没有前进。那些成就卓著的人也许不是很聪明，但因为敢于尝试，所以，在尝试另一条路的过程中，他们成功了。

在一所大学，一些科研人员做着一个有趣的实验：他们把跳蚤放在桌上，一拍桌子，跳蚤迅即跳起，跳起高度均在其身高的100倍以上，堪称世界上跳得最高的动物！然后在跳蚤头上罩一个玻璃罩，再让它跳，这一次跳蚤碰到了玻璃罩。连续多次后，跳蚤改变了起跳高度以适应环境，每次跳跃总保持在罩顶以下高度。接下来逐渐降低玻璃罩的高度，跳蚤都在碰壁后自动改变自己跳跃的高度。最后，当玻璃罩接近桌面时，跳蚤已无法再跳了。科学家于是把玻璃罩打开，再拍桌子，跳蚤仍然不会跳，变成“爬蚤”了。跳蚤变成“爬蚤”，并非它已丧失了跳跃的能力，而是由于一次次受挫学乖了，习惯了，麻木了。最可悲之处就在于，实际上的玻璃罩已经不存在，而它却连“再试一次”的勇气都没有了。这只小跳蚤已经认为不可能就是不可能，这就是固定思维模式造成的结果。

其实有很多人都像那只畏缩的跳蚤一样，经常被困在一个可怕的玻璃罩里，无法突破自己思维的高度。在前进过程中遇到了困难就选择后退，以后再遇到同样的困难就习惯性地选择回避，认为自己根本不行，还没有同困难作战，就已经束手待毙，被困境吓倒了，却不明白其实时间在改变着一切，曾经的困难也许对于此刻的你来说根本不算是困难，抑或困难本身已经随时间成为一种虚设。不勇敢尝试突破，最后只能将自己局限于越来越小的范围内，以致丧失本来属于自己的机会。其实，有时只要换个角度，另寻方法，就完全可以跳出限制自我的玻璃罩。只要勇敢地跳出玻璃罩，困境也就不复存在了。到那时，再回头看曾经在玻璃罩中的自己，就会为自己当时短浅的目光和怯懦的心态感到可笑。

为了走向成功之路，人们都要不乏勇气地面对生活中的一切，勇于尝试，敢于创新，大胆地冲破身边固有的束缚，就算再难也要去尝试，使自己获得突破得到新生。要知道，许多时候遇到机遇是非常难得的，它需要我们舍弃一些东西,比如安稳的状态等,但一定要记住,如果想成功就一定要勇于尝试。需要你冲破的也许并非是你能力以外的困难,很多时候仅仅是冲破你内心的障碍就可以了。拥有这样勇气的人,是令人敬佩和叹服的。不要让自己的行动败给了思维,不要让自己的思维束缚了自己的行动,学习尝试,不走出去,就不知道世界有多大;不真正地去做一件事,你就不会知道自己能不能成功。

但是,在很多时候,人们都习惯于跟着潮流走,跟着习惯走,害怕自己掉队,也不敢独自去走新路,最后只有被饿死。而食物呢,也许就一直放在我们触手可及的地方。那些红极一时的社会潮流难道都是自己所适合、所选定的生活目标吗?那么多人都参与了,真正成功的又有几个呢?人云亦云的生活肯定会令你失去真正的自我。所以,我们不是没有成功的可能,而是缺少成功的勇气和积极的思维。

我们每天都在发现问题,也在解决问题。这些问题都来源于我们思考的结果,只有从不同的角度、不同的层次,才能找到更多的问题,当你把这些问题解决时,你所做的事也达到了最完美的时候。

五、在失败中学习

没有人能够躲避失败，人生的光荣不在于永不失败，而在于屡败屡战，并从失败中总结经验，吸取教训，而且还要积极向别人学习，借鉴他人的经验和教训。只有这样，你的人生才会是成功的。

没有人可以避免失败，一个人的光荣也不在于永不失败，而是在于屡败屡战。一个人只要站起来的次数始终比倒下去的次数多一次，就是成功。

某著名大公司招聘职业经理人，应者云集，其中不乏高学历、多证书、有相关经验的人。经过初试、笔试等四轮淘汰后，只剩下 6 个应聘者，但公司最终只能选择一人作为经理。所以，第五轮将由老板亲自面试。看来，接下来的角逐将会更加激烈。

可是当面试开始时，主考官却发现考场上多出了一个人，出现了 7 个考生，于是就问道："有不是来参加面试的人吗?"这时，坐在最后面的一个男子站起身说："先生，我第一轮就被淘汰了，但我想再参加一下面试。"

人们听到他这么讲，都笑了，就连站在门口为大家倒水的那个老头也忍俊不禁。主考官也不以为然地问："你连考试第一关都过不了，又有什么必要来参加这次面试呢?"这位男子说："因为我掌握了别人没有的财富，我自己本人即是一大财富。"大家又一次哈哈大笑起来，都认为这个人不是脑子有毛病就是狂妄自大。

这个男子说："我虽然只是本科毕业，只有中级职称，可是我却有着 10 年的工作经验，曾在 12 家公司任过职……"这时主考官马上插话说：

“你的学历和职称都不高，跳槽更不是一种令人欣赏的行为。”

男子说：“先生，我没有跳槽，而是那12家公司先后倒闭了。”在场的人第二次笑了。一个主考官说：“你真是一个地地道道的失败者！”男子也笑了：“不，这不是我的失败，而是那些公司的失败。这些失败积累成我的财富。”

这时，站在门口的老头走上前，给主考官倒茶。男子继续说：“我很了解那12家公司，我曾与同事努力挽救它们，虽然不成功，但我知道错误与失败的每一个细节，并从中学到了许多东西，这是其他人学不到的。很多人只是追求成功，而我，更有经验避免错误与失败！”

男子停了一会儿，接着说：“我深知，成功的经验大抵相同，容易模仿，而失败的原因各有不同。用10年学习成功经验，不如用同样的时间经历错误与失败，所学的东西更多、更深刻。别人的成功经历可能成为我们的财富，但别人的失败过程更是！”

男子离开座位，欲转身出门，忽然又回过头说：“这10年经历12家公司，培养、锻炼了我对人、对事、对未来的敏锐洞察力，举个小例子吧——真正的主考官，不是您，而是这位倒茶水的老人……”

在场所有人都感到惊愕，目光转而注视着倒茶的老人。那老头诧异之际，很快又恢复了镇静，随后笑了：“很好，你被录取了！”

失败不是人生最后的句号，挫折是人生最大的财富。成功青睐的往往是失败过的人，不断从失败中走出来的人要比从成功中走出的人辉煌得多。

天下没有常胜的将军，所以，也没有从未失败过的人。面对失败，你的态度如何呢？自怨自艾、一蹶不振还是重新振作起来呢？如果你选择后者，那太好了，这说明你是一个勇敢的人。但这就够了吗？不够！因为你不仅应该从失败中站起来，更应该从失败中吸取教训，这样才是一个聪明人。

“失败是成功之母”这句话人人都知道，意思就是告诉我们在面对失败时不要气馁，因为里面或许会隐藏着更大的成功。是的，真理和谬论往往只有一步之遥。如果你拒绝失败的话,成功或许也就被你挡在门外了。

失败有时会是我们人生的一笔财富,它是对我们人生的一种磨炼。一个人只有从失败中走出,才会更加踏实,更加理智。一只蛹只有经过蜕变才能变成美丽的蝴蝶,但那个过程是相当痛苦的。一个人也只有经过失败才能得到成长。

所以,失败是我们人生的一笔财富,只有从失败中得来的教训,才会让我们更加刻骨铭心。当然,这并非让我们刻意去犯错误,而是让我们在面对失败时调整好自己的心态。失败并不是终点,而是一个新的起点,我们不应该让自己就此停下,而是让自己从中走出,不要沉湎其中而不能自拔,否则它就会成为我们的坟墓了。

另外,我们不仅仅应该从自己的失败中学习,还应该从别人的失败中学习,这样才能更快地成长。面对失败的态度,应当是竭力避免;当无法避免时就坦然面对,及时总结经验和教训,然后从中走出。往往从失败中学到的东西才更深刻。失败不仅可以磨炼我们的心志,还可以磨炼我们的意志力,让我们在面对困难时更多一份勇气。

为什么说"失败是成功之母",其实,因为一次次的失败让人们懂得如何去避免失败,并把一次次的失败运用到下次面临的境况当中去,如此一来,成功也就不远了。

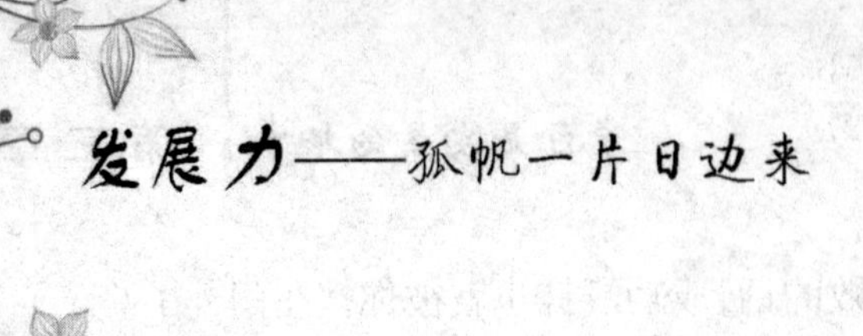

六、会学还要会用

有许多人，都有这样一种偏见，认为学习知识就是为了应付考试。表面上是这样，但是一个人不可能永远生活在考场上，生活在学校里。我们在生活，也在成长。我们会离开学校，步入社会，而我们所学的东西也应该随之运用到生活中去。所以，知识是我们一生的财富。

但是，有多少人能把在学校里学到的知识运用到社会上呢？在古代一些人就对学习的目的做过总结，他们认为"修身、齐家、治国、平天下"就是学习的最终目的，真的如此吗？我国知识分子，都有一个共同特点，那就是志向不小：穷则独善其身，达则兼济天下。一旦学有所成，便希望有一天可以为国出力，为民效劳。孔子也认为，读书就是为了更好地做人、立身、处世，要把学与用相结合，只有这样，才能有益于国家，有益于社会。所以，学习的最终目的就是"行"，就是学以致用。就是要求我们把所学的东西用到生活中的各个方面。学习是一种改造思想的行为，但绝不能脱离实际，陷入空想。

再好的计划、再美的理想，也必须立足于现实；脱离了现实，只能结出失败的苦果。所谓"致用"，除了将知识用于生活之外，还要学会变通。生活总是在变，知识自然也要随之而改变。知识的最终来源就是生活，若脱离了生活，就成了无源之水，无本之木。但知识也要高于生活，只有这样，才会在生活中指导我们的行动。

战国末年，赵国有两员大将，一为廉颇，一为赵奢。赵奢用兵出奇，为国立下了赫赫战功，被封为马服君。赵奢有一子名叫赵括，由于受父亲影响，自幼熟读兵书，谈起行军布阵，头头是道。母亲对他非常赞赏，赵奢却不以为然地说:“这小子纯粹就是纸上谈兵。两军交战,有关国家兴亡和千军万马的安全大事,慎之又慎还怕出错,而他却视为儿戏。赵国不用他还好,万一他成为大将,赵国必毁在他的手上。记住,我死后,千万别让赵括为将。”

后来,赵奢由于积劳成疾,不久病故。这时,秦国举兵攻打赵国,以白起为将。而赵国这边则由老将廉颇担任主帅,在长平率40万大军阻击秦军。廉颇知道秦军远离国土,供给不便,不利久战,于是便令赵军森严壁垒,固守城池,不与秦军进行正面交锋,让秦军不战自退。两军在长平对峙许久,秦军粮草果然渐渐接济不上,而赵国仍按兵不动,这让白起无计可施。这时,有人建议白起使用反间计。于是白起便派人到赵国国都散布流言,说廉颇老而无用,根本不是白起的对手。而马服君的儿子赵括自幼熟读兵书,且年富力强,以他为帅,定能将白起击败。赵王听到了流言,信以为真,于是便令赵括代替廉颇为将。赵括母亲得知此事,立即进宫,将赵奢生前说的话告诉了赵王,但赵王却固执己见,执意让赵括为将。赵母无奈,只得说:“我不能改变大王的主意,但若赵括战败,受惩罚是他罪有应得,但请赦家人无罪。”赵王答应。当时蔺相如正在家中养病,听说此事也出面阻拦,请赵王改变主意,但赵王还是不听,让赵括接替廉颇,指挥对秦军作战。

赵括到了前线,一改廉颇的作战方针,命赵军正面迎敌,谁知这正中了白起起的圈套。结果,赵军战败,40万将士全部被白起活埋。而赵国也大伤元气,不久便被秦国所灭。

我们尊重知识,但这并不等于让自己成为知识的奴隶。学习知识的关键,在于善用。知识只有与实际相结合,才能发挥出它的最大效力。否则,就只能是纸上谈兵。

知识是人类总结出来的各种经验和教训,是我们人类思想的精华。但当初我们总结经验的目的就是希望它可以对我们的行动进行指导,减少行为上的盲目性,而不是让它成为我们思想上的一种桎梏。如果那样,我们就成了知识的奴隶。

总之,天下没有放之四海而皆准的真理,时代总是在变化,知识也总是在更新,今天来说正确的事明天从另一个角度来看也许就不正确了,所以我们的头脑也应该与时俱进。

我们或许会有这样的体验:一个学历并不高的人,却在工作上做得非常出色;而一个有着高学历的人,做起工作来却表现一般,丝毫看不出有什么智慧可言。

这道出的其实就是一个学以致用的问题,有再高的知识学问,如果不会很好地运用到社会上,也只能成为一个平庸的人。所以,应该清楚这样一个事实,知识并非用学历高低及读书多少来衡量,因为现在的知识更新速度很快,今天学的明天就可能过时了,所以,只有你有很强的学习能力,才能占据优势。书读得多当然不是件坏事,它可以开阔我们的眼界,让我们少走弯路。但是若一切拘泥于书本,反而会成为我们自身发展的一种束缚。这时知识就会成为我们的负担。而那些没受过什么教育的人,他们的头脑中没有什么条条框框的束缚,所以他们的思维可以很开阔,如天马行空,也就总会有灵感迸发。所以,将你的知识还有你的智慧与行动结合起来,才能让你创出辉煌的业绩。

学得再好并不一定能成功。只有把学到的东西运用到生活当中,才能真正体现你学习的成果,也只有这样你才能成功发展。只有将你的知识还有你的智慧与行动结合起来,才能让你创出辉煌的业绩。

七、学会创新

人们每天都在不断地创新,不管你是知识渊博还是大字不识。正如这样一句话:创新的能力不是只有那些大的发明家才会有,是所有人都具有的能力,只是大多数人没有抓住创新的机会,没有捕捉到创新的灵感。

我们一直都在羡慕那些发明家、企业家,其实他们和我们都一样,只是他们勇于用创新的角度思考,并且积极掌握机会,让他们的人生和事业获得跳跃式的发展。比如,微波炉、圆珠笔等产品,都不是专业人士的杰作,而是一些普通人的神来之笔。这些发明使得人类的生活发生了极大的改变。这些人与一般人的不同之处就在于,他们能从创新的角度思考,追求突破,追求创新。

所以,每个人都应该有创新的思考能力,并不需要像爱因斯坦或其他伟大的发明家那样取得能够改变整个人类生活的成就,有时只要让脑筋转个弯,改变一下方向就可以了。要在工作或生活上有所突破,秘诀是要更聪明地做事,而不是没有思考能力一味地跟从工作。要更聪明地做事,就要学会创造性思考,并且努力落实这些想法,才能在原有的基础上走出新路。

但是,有太多的人,他们不敢十去创新,或者用一种更贴切的说法来表示——他们不愿意创新,因为他们头脑中关于得、失、是、非、安全、冒险等价值判断的标准已经固定,这种习惯的模式阻碍了他们创新的思维,也让他们失去了更好的发展机会。这就是习惯对于创新的摧毁能力。

有这样一个故事,法国的一位著名歌唱家有一座美丽的私人园林,每到周末总会有人到她的园林里摘花、拾蘑菇、野营、野餐,把她的私人领地当作公共场所，弄得园林肮脏不堪，一片狼藉，管家让人围上篱笆，竖上“私人园林禁止入内”的木牌，仍无济于事。这位歌唱家得知这一情况后，在路口立了一些大牌子，上面醒目地写道：“请注意！如果在林中被毒蛇咬伤，最近的医院距此20千米，驾车约半小时可到达。”从此，再也没有人闯入她的园林。这就是一种创新，一种思维的突破。

也就是说平时我们之所以不能创新，或不敢创新，常常是因为我们从惯性思维出发，以致顾虑重重，畏首畏尾。而一旦我们把同一问题换一个方向来考虑，就会发现很多新机会等着我们大显身手。

其实许多十分有创意的解决方法都是来自换角度思考问题，在看待同一件事时，从反面来解决问题，甚至于最顶尖的科学发明也是如此。所以，爱因斯坦说：“把一个旧的问题从新的角度来看，这完全是成就科学进步的主因。”著名的化学家罗勃特·梭特曼发现了带离子的糖分子对离子进入人体是很重要的。他想了很多方法来求证，都没有成功，直到有一天，他突然想起何不从有机化学的观点来探讨这个问题，结果实验成功了。

日本的东芝电器公司曾经在1952年的时候积压了大量的电扇，7万多名职工为了打开销路，搜肠刮肚地想了很多办法，都没有解决任何问题。

有一天，一个小职员想到了一个办法——改变电扇的颜色。当时，全世界的电扇都是黑色的，没有人想到电扇也可以做成其他颜色。这一建议引起了东芝董事长的重视，经过研究，公司采纳了他的这个建议。

第二年夏天，东芝推出了一批浅蓝色的电扇，没想到在市场上掀起了一阵抢购热潮，几个月之内东芝就卖出了几十万台电扇。从那以后，日本乃至全世界的电扇都不是一副黑色的面孔了。

很多人以为成功是一步步慢慢累积来的，其实这个观念并不完全正确。大多数人因为深受这个观念的影响，并将它应用在生活和工作上，结果一事无成。事实上，按部就班有时完全可能成为扼杀你成功的诱因。

再说一个例子，有许多人都对麦当劳的创立人雷蒙·克罗克的名字耳熟能详，但实际上，克罗克并不是最先创立麦当劳的人。麦当劳最先是由麦当劳兄弟创立的，只是他们未能预见麦当劳的发展潜力，因此他们将麦当劳的观念、品牌以及汉堡等产品，卖给从事销售工作的克罗克，让他继续经营。

克罗克以独特的行销策略，将麦当劳以连锁店的形态推广至全世界，让麦当劳变成今天规模相当庞大的企业。克罗克抓住了麦当劳兄弟原先忽略的机会，即改变原有的经营模式，因而赢得了自己事业生涯上的突

所以，我们更应该相信这一点：那些突破性的创新并非是绝顶聪明的人提出的。事实上，大部分的突破，都是一般人在现有心智模式下产生的。关键不在于你够不够聪明，而在于你的态度：你是否愿意抓住机会，善加利用。

知识不仅仅是财富，它还有许多更深层次的含义。这些深层次的含义，只有待人们慢慢去挖掘才能体现出来。当这些新的意义被挖掘出来时，新的一项发现也随之而来。

第四章 创新是发展的手段

应试教育依然是现代中国中小学教育的主流。对于全球来讲,素质教育是现代教育的主流,创新是一个民族发展的灵魂，而创新意识和创新精神的培养是素质教育的核心内容。凯斯特纳在他的《开学致词》中告诫学生:“不要完全相信你们的教科书,这些书是从旧的教科书里抄来的,旧的教科书又是从老的教科书里抄来的,老的教科书又是从更老的教科书里抄来的。人们说这是传统,传统可是另外一回事。”老师不是教官,也不是上帝,他不是一切都知道,他也不可能一切都知道。可见,在传统中怀疑,在怀疑中创新,是推动整个社会发展的内驱力,也唯有如此,才能让我们的祖国更好更稳地屹立于世界民族之林。所以对于现代的中国青少年创新培养是重中之重。

一、培养创新能力的核心

良好的家庭环境是培养孩子的创造力的重要条件。要发展孩子的创造能力,就要为他们提供一个可表现创造性并能使之正常发挥的家庭环境。这就要求父母要承担起主要的责任,正确理解创造力的教育,努力创造一个感情融洽、关系和谐的家庭氛围。

创造力是人们在创造性解决问题过程中表现出来的一种个性心理特征,是在一定的目的支配下,运用一切自身掌握的信息,发挥自己的创新性思维,产生出某种新颖、独特、有社会或个人价值产品的能力,其核心是创造性思维能力。简单地说,创造力就是创新的能力。

创造力教育就是以培养创新能力为核心,根据创新的原理,以培养被教育者具有创新意识、思维、能力、情感以及个性为主要目标的教育理论和方法,其目的是使被教育者在牢固、系统地掌握学科知识的同时发展良好的创新能力。

在现今时代,科学技术飞速发展,创新的重要作用被提高到了前所未有的地位,成为一个国家兴旺发达的原动力。而传统教育已经难以适应时代需要,只有大力推进创造力教育,才能培养出具有良好创新能力的人才。

现代教育学的研究已表明,一个人的素质和观念很大程度上取决于幼年时接受过什么样的教育。同样,培养一个人创新意识和创新能力的黄金时期也在幼儿期。苏联杰出的教育家安东·谢苗诺维奇·马卡连柯曾说:“教育的基础主要是在五岁以前奠定的,它占整个教育过程的80%。”而美国的一项调查也表明:一般人在五岁时能够具有90%的创造力，在七岁时具有10%的创造力，而八岁以后创造力就下降为2%。我国著名的教育先驱陶行知说，儿童的创造力是祖先至少经过50万年与环境适应、斗争所获得而传下来的才能之精华，教育的关键是能启发和解放儿童的创造力，以利于其以后从事创造工作。

对父母来讲，必须抓住孩子幼儿时期的创造力教育，这是为人父母的重要使命。这是因为，孩子在小的时候有着旺盛的求知欲和强烈的好奇心，他们的思路和思维非常开阔、不受限制，脑子中基本上没有思想上的束缚，再加上他们对社会规范的无知，可以不受约束地思考和做事，所以有着难以置信的创造能力。所以，幼儿期是开发孩子脑力资源、培养创新意识和创造能力的黄金时期。儿童教育家陈鹤琴先生也说："儿童本性中潜藏着强烈的创造欲望，只要我们在教育中注意诱导，并放手让儿童实践探索，就会培养出创造能力，使儿童最终成为出类拔萃的符合时代要求的人才。"否则，这种可贵的创新精神萌芽，就会被扼杀在摇篮中。

父母重视对青少年从幼儿期开始创造力教育，对他们进行科学合理的创造力培养，让他们的创新潜能得到最大程度的发展，为未来成为"创造性"人才打下坚实的基础。

二、在青少年面前树立良好的创意形象

青少年出生后至幼儿期，他们的生活环境主要在家庭内，接触最多的就是父母。父母的一言一行无时无刻不在影响着孩子。而且，模仿是幼儿学习的主要方式，当孩子能模仿大人扫地抹桌时，他也同样会模仿大人其他的行为方式，如语言、生活习惯和待人接物处理问题的方法。因而，在家庭教育中，父母的榜样作用和人格魅力所产生的不教之教、无言之教对孩子的影响是任何语言教育都无法比拟的。因此，为了培养出具有优秀创造力的孩子，做父母的一定要树立一个良好的创意形象。

现代教育学研究发现，父母，尤其是与孩子同性别的家长，自身创新意识的强弱和创造力的高低会潜移默化地影响孩子创造力的培养。父母的举止是孩子模仿、学习的榜样，是无声的语言。但是，由于孩子的能力有限，他们的模仿是没有选择性的，父母的一些坏习惯、不文明语言，甚至不良行为都可能被孩子效仿。

家庭生活中可以发挥的创意很多，创造一个充满创意的家庭环境也并不难，因为不管是在观念上，还是在一些生活细节上，只要能够处处留心，总是能够闪现令人兴奋的智慧火花。

三、注重培养孩子的创造性思维

创造力教育是一种全新的教育思想和全新的人才培养模式，从一定程度上讲，其教育实质是培养人的创新情感和思维个性，因为任何创造性的活动无不受思维或个性的极大制约。

创新情感和个性的培养是形成和发挥创新能力的底蕴，因为持续的创新过程不是一个纯粹的智力活动过程，它需要以创新情感为动力，以创新思维为基础，如高远的目标、坚强的信念以及强烈的创新激情等。具有优越的创新情感和良好的个性特征是形成和发挥创新能力的底蕴。

创新情感在发挥一个人创造力的过程中有着极为重要的作用，许多对社会有杰出贡献的人，他们的创造力之所以能够发挥出巨大价值，与他们具备的独特性创新目标、为创造社会价值而投入创新过程的高尚情操，为增进利他精神而尽情发挥的进取精神，为优化个体的创新性社会功能而认真掌握创新技巧的热情密不可分。

除了要注意孩子创新情感的培养外，还要注意孩子的个性在创造力塑造中所起的至关重要的作用，因为个性特点的差异在某种程度上决定了创意成就的大小。心理学家认为，尽管创造型人才在各方面存在着千差万别，但他们大体都具有以下个性特征：良好的记忆力，敏锐的观察力，丰富的想象力，敏捷的思维力，顽强的意志力，准确的判断力；有较强的独立性、自信心、社交能力、应变能力；有改革创新意识，并且具有精力充沛、热情高涨、好奇感强、不怕挫折等良好品质。

在对青少年进行创造力教育过程中，必须注重培养青少年的创造性思维，千万不能忽视青少年是独立的人，他们有着独立的思维和需要，在此基础上来培养孩子坚持不懈地追求自发性、积极性、好奇性、挑战性、坚韧性及强烈求知欲的精神，使他们的创新活动成为一种积极的自我激励过程，给以后的开创性思维发展开拓广阔的空间。

人的创造力也只有在智力和创新情感双重因素的作用下才能够挖掘出巨大的潜在价值，他们的创新精神才可能获得综合效应。

四、鼓励孩子去尝试创造

在青少年成长的过程中,父母对待孩子的态度对孩子的创造力有着很深的影响。当孩子要玩新游戏时,父母如果说“别玩那个,危险”,或者说“你还小,你玩不了”,孩子想要了解新鲜事物的兴趣就会受到抑制,而且会体会到想尝试新游戏而无法尝试的挫折感,那么孩子以后就会把探索新世界的决定权无形中交给了父母。当孩子在某方面表现出不能令父母满意时,如果父母这时来一句“你真笨,连这都做不好”,那么对孩子以后的自信心就会产生巨大的打击。

其实,与上面两个例子类似的事情在生活中并不少见。许多父母尽管对待孩子充满了爱心,却在行为上表现出了一种悲观的态度,总是担心孩子安全,对孩子的能力不自信,对孩子的冒险充满了疑虑,这在无形中就会让孩子变得悲观,做事小心翼翼,并经常有挫折感。

要知道,孩子对自己的评价很大程度上是建立在父母对他们评价之上的。很多父母因对孩子的能力相对悲观,使很多孩子认为他们的父母尽管很爱他们,却不能与他们平等相处。很多孩子相信父母可以为他们献出生命,但同时也认为父母并不拿他当回事儿。例如当孩子与客人攀谈时,父母会打断他的话,严厉地叫他走开,这对孩子会产生伤害,孩子希望参与的信心会受到打击。

悲观的父母会培养出悲观的孩子,乐观的父母则会培养出乐观的孩子。做乐观的父母能够帮助孩子树立信心,让孩子敢于挑战,逐渐养成乐观开朗的性格。而乐观是一种优良的心态,是创造力的催化剂,具有乐观精神的人更容易获得创造的成功。

做一个乐观的父母吧，不要对孩子太过于呵护。在动物世界里，动物妈妈们对她们的孩子就是很乐观的。例如，小象出生后就要自己走，甚至迷路，但象妈妈不会用鼻子将它找回来，而是等待小象跌跌撞撞地回到自己身边。

父母要收起自己过度的焦虑和担心，因为那是一种悲观的情绪。很多时候孩子受到的伤害远没有父母感受到的那么大，而父母的焦虑和悲观却会加重孩子的焦虑感和悲观感。比如孩子摔跤了，其实没关系，有时哭几声爬起来就没事了。但父母对此的反应不同，孩子的反应也就不同。父母乐观一些，孩子摔跤了让他自己爬起来，有时他甚至会感到很开心；如果父母总是拉他起来并呵护有加，孩子再次摔跤就会沮丧，缺乏自己站起来的勇气和信心。

父母不能因为孩子小，需要成人照顾就把他看成是成人的依附品，需要由成人支配。孩子也是一个完整、独立的个体，应该允许他有自己的世界和空间。对于孩子的创新要求，要给予支持和鼓励，对表达创新思维的行动和产品要给予承认和赞扬。如对孩子自己制作的手工和绘画作品，对于孩子自编的舞蹈和看图编讲的故事等创造性活动，都应及时给予肯定和掌声。这种积极的强化，将使孩子产生再创造愿望。

做个乐观的父母，在孩子玩玩具时不要跟在孩子后面不停地说："别弄脏衣服""别扎着手指"，这样做只能令孩子扫兴。要知道，孩子可能比父母更懂得利用天赐的玩具，聪明的父母应放手让孩子尽情发挥他的想象力和创造力，让孩子自由地在玩具中舒展个性。

给孩子一个乐观的态度，鼓励孩子尝试有难度的游戏活动，不要因为呵护过度让孩子失去许多尝试与超越的机会。因为孩子的创造力是通过多种活动实现的，苏联教育家苏霍姆林斯基说："儿童的智慧在他的手指尖上。""动手动脑，心灵手巧"的说法，也说明了手脑并用有助于萌发孩子的创造性。

不仅如此，在家庭中，父母还要尽量为孩子创造力的发挥提供多种活动和各种材料，启发和引导孩子自己去想、去做，按照自己的意愿进行再创造。学龄前的幼儿，一把扫帚，他可以用来当马练骑、当枪射击；一条绳子，他可以当成一条大河、一条小溪；几个纸盒，可以摆成房子、高山、火车等。作为父母，应鼓励支持他们，并应提供相应的材料，注意帮助收集成人认为是废物的硬纸卡、泡沫、贝壳、小瓶、扣子、废旧电器等，给孩子开辟一块自由绘画的天地和展示自己作品的舞台。

当孩子失败时，父母还要有一个宽容的态度，容许孩子尝试，容许孩子犯错误，而不要对孩子的失败太在意，这样孩子才能成长。如果父母对于孩子的一些失败反应强烈，看见自己的孩子犯错误或者不如其他的孩子就好像看到世界末日一样，那会给孩子带来很大的不适感和烦恼。要知道，学习本身就是一个尝试——错误——尝试的过程，每个孩子的成长轨迹也都是唯一的。乐观的父母善于发现进步与希望，悲观的父母却总是发现问题，预想不良后果，制造烦恼。

乐观的父母不会总是拿自己的孩子与别的孩子做比较，因为那种做法是父母对自己教育不自信的一种表现。而且，有些父母在说"我的孩子没有你的孩子聪明"这类话时，根本没有想过会对孩子产生怎样的伤害。其实，父母完全没有必要将对自己孩子的培养放在别人的标准基础上，看见的是别人孩子的长处而忽视的是自己孩子的天赋，这不仅是不公平的，还会使孩子的心里蒙上阴影，使他们看不到自己的长处，找不到自信。

魔力悄悄话

鼓励孩子积极尝试他们感兴趣的东西、对孩子有信心并不表示父母放弃保护孩子的义务。乐观的父母在孩子玩游戏前也会给孩子必要的防护措施，告诉孩子基本的自我保护技巧，在游戏中给予基本的指导或引导，以做到对孩子安全的保障。

五、父母如何培养自己的创意能力

"创意"是一个很抽象的概念。我们不要被"创意"这个词吓住，觉得它是多么深奥的东西，说到底，其实创意就是一个点子，而且这个点子也不一定都是那么高、深、尖。

如果想要培养自己的创意能力，不妨遵循以下几个方面，进行系统的训练，相信你会有所收获。

1. 收集创意

创意是飘忽无形的，就存在于你的身边，你应加紧领略周围的事物，记下印象深刻的一切。

或许你认为某些想法没什么用，但没准有一天会用得上。正如时髦与复古一样，很难保证明天轮到什么东西复古，或许是家具，或许是手表款式，甚至是发型。今天小青年五颜六色的头发，五年前很可能就会被人们看成怪物，然而今天却是时髦的象征。正如少年时代所厌恶的东西，进入青年时期或年纪更大时，反过来会欣赏一样，明白了人类这种好变的心态，就可以知道没有哪种产品是消费者永远嫌弃的，亦没有哪种是他们永远钟爱的。

因此，收集整理一切有关时下的创意，并随时翻阅，看看如今的潮流趋势，想想会不会用得着，说不定，你会从过去看不上眼的创意中，寻找到新的发展机会。

2. 抓住创意

如何抓住创意，以及如何发挥其长处？主要从以下几个方面来把握：凡事从疑问开始；别光理会未卖出去的东西，应该也注意已经卖出去的东西；注意产品的小毛病，别以为瞒天过海便是成功；从产品之间的比较着眼；随时注意市场的有关信息；经常留意市场内外的任何变化；注意消费者的品位有没有改变；留意其他竞争对手的动向。

3. 整理创意

现在社会上的商品极其丰富，人们的消费需求也是一日多变，经营者需要着眼的地方到处都是，简直多得令人应接不暇，以致常常令人不知所措。有了高度的判断力，就不会阵脚大乱，而能及时决定需要什么、舍弃什么。

大多数情况下，创意可以凭直觉获得，虽然每项创意均有一定程度的保留价值，但你总不能同时实行，唯有利用自己的判断力，暂时放下不尽合理的创意，首先与下属集中力量将创意焦点缩小，再进行多项研究和实验，将原有的创意具体化，才是初步的成功。

4. 实施创意

被搁置一旁的创意，随时待命而出。在生意场上，灵活和经得起考验的头脑最管用。任何生意都可能有赔有赚，再好的创意也只能是创意而已，要想将创意变成成功，还需要付出艰辛的劳动。创意的实施一定要快,因为生意场上变化莫测,今天最好的创意,说不定下周就是最差的创意了。所以,一定要及时将你的创意付诸行动,迅速抢占市场。

创新能力是在学习前人知识和技能的基础上,提出创见和发现的能力。它标志着知识、技能的飞跃,是智力高度发展的表现。最近几年,我国的基础教育正发生着深刻的变化,以素质教育为基础,以培养学生的创新精神为目标的教学改革正在不断完善。家长都希望自己的孩子在学习上有创新、事业上有所作为,这就必须注重创造力的培养。

《全国青少年创造培养系列社会调查》中问,如果发现孩子在拆装闹钟,家长会有什么反应?有40%的家长对孩子训斥、警告,41%的家长“不耐烦”“不屑于回答”或以敷衍的方式对待。中国人对孩子的评价是“听话就是好孩子”“淘气=不听话=坏孩子”。西方人对淘气的孩子并不另眼相看,甚至偏爱淘气的孩子。有一个孩子不听家长话,家长让他画红太阳,可他偏偏画个蓝太阳。家长并未生气,而是问他为什么画成蓝色的。孩子说:“我画的是海里的太阳。”家长说:“好极了,你太有想象力了。”假如这件事发生在中国,恐怕多数家长要骂孩子:“你见过蓝色的太阳吗?瞎画!”

当埃米莉·吉布森刚学会蹒跚走路时,有一天妈妈非要给她戴上手套,她说:“手套令我的手感到悲伤。”父母们碰到这种情况往往只会说:“多有意思的感觉。”但心理学家却可能把埃米莉的这句话作为儿童创造力的一个例子:以另外一种方式看待问题。

创造性是青少年的天性,问题在于父母对此如何反应。创意是飘忽无形的,就存在于你的身边,你应加紧领略周围的事物,记下印象深刻的一切。

六、如何挖掘孩子的创新潜能

有时将创造性活动限定在狭窄的领域里，例如认为只有艺术或音乐才能培养创造力，实际上有很多途径，其中包括运动。孩子们在尝试新事物时往往会犯错误，但有创造性的人视犯错误为积累经验的途径，他们能够“吃一堑，长一智”。父母可以通过为孩子提供令他们感到新鲜的原材料，帮助孩子发展创造力和处理问题的灵活性。原材料可以是各种各样的东西，例如钢琴，即使在孩子没有学习而且也不懂音乐的情况下，也要允许他们去弹奏钢琴。

“创新”是一种主体潜能，幼儿是有意识、有思想的鲜活个体，蕴藏着巨大的创新潜能。今天，无论是教育家、社会学者、政府领导，在谈到创新教育时，比以往任何时候都感到更加迫切，更加需要，因为大家都看到一个不争的事实，知识经济的本质，就是要持续的、全面的、系统的创新，所以创新是人类社会发展与进步的永恒主题。那我们应该如何来培养21世纪具有创新能力的人才呢?

1. 营造宽松愉快的家庭氛围

校有校风，班有班风，家应该有家风。有利于孩子创新能力培养的家庭氛围必须是宽松愉悦和谐的。不管家庭成员是多少，也不管地位及年龄差距有多大，孩子与其家庭成员之间的关系应该是平等的、民主的，应该是自由自在的，而不应该是压抑的、紧张的，甚至是恐怖的。就目前而言，孩子与其家庭成员之间的关系不恰当的表现主要有两种：一种是老子说了算，一切都听家长的，孩子没有发言权，更没有决策权，包括孩子对自己的事的决策权；另一种是孩子说了算，孩子是太阳，是小皇帝，所有的家庭成员都是围着孩子转，孩子怎么说家长就怎么办。这两种家风都不利于孩子创新能力的培养，宽松愉悦、有事大家商量，共同想办法，谁的主意好就听谁的，只有这样，孩子才能积极开动脑筋，从而形成创新意识和创新精神。我们不仅要注重孩子生活上的独立，更要培养孩子人格上的独立。“家庭会议”就是很好的创设民主氛围的手段之一，尊重孩子的意见，只要是他自己提出的看法，不管有多离谱，不要去责怪，而是鼓励他去想、去尝试，父母作出相应的指导，使他觉得自己是被重视的。作为父母不要去打乱孩子的童真世界，孩子们生活在他们的想象世界里，正因为有了这样的想象，才有了孩子们可贵的创新行为。

2. 经常带领孩子接触新鲜事物

知识是一切能力的基础，没有知识，对外面的世界一点儿也不了解、不熟悉，即使智商很高，也是不会有创新能力的。家长要根据孩子的年龄大小和生活环境，经常利用节假日带领孩子接触新鲜事物。是农村的，可带孩子去城市，让他们认识城市的建筑、交通等设施；住在城市的，可带孩子去农村走走，让他们认识认识农作物、家畜家禽以及欣赏田园风光，了解花鸟草虫的生存特性等。认识事物越多，想象就越宽广，就越有可能触发新的灵感，产生新的想法，那种只想把孩子关在家里，只想让孩子写字、画画、背诗的方法，只会把孩子培养成书呆子，绝不可能培养成有创新能力的人。

3. 鼓励孩子大胆进行探索性玩耍

玩是孩子的天性，不会玩的孩子不可能是聪明的孩子。家长要积极鼓励孩子进行探索性玩耍，积极鼓励，就是要创造条件，必要时，也可能一道参与玩耍。探索性玩耍，就是要鼓励孩子玩出新的花样，尝试各种各样不同的玩法。在对孩子的玩耍方面，要纠正三种不正确的做法：一是为了安全，不让孩子玩。安全当然是重要的，但不能杞人忧天或因噎废食，而且安全也有个程度问题。二是怕孩子弄脏衣服而不让孩子玩。有些家长把孩子打扮得花枝招展，有的全身名牌，生怕因玩耍而弄脏衣服。卫生确实需要讲究，但不能影响必要的玩耍。三是怕损坏物品和玩具。

有些家长虽然给孩子买来了各种玩具，但不让孩子自由地玩，有家长不准孩子摸或摆弄物品，动辄以“要弄坏的”相威吓，教育孩子爱护东西是对的，但不能要求过严。对于似一张白纸的孩子来说，生活中的一切都需要学习，而每个孩子的天赋又是不一样的，在孩子还未找到属于他自己的学习方法之前，就应该放开手脚让孩子玩，玩中学、学中玩，在玩中发现问题、解决问题。允许他们利用生活的一切进行学习，不要嫌孩子玩的泥巴太脏、孩子摘的野花没品位，其实孩子们在与周围环境的交互中获取了知识，增强了体魄；在摆弄这些大人们看来没有一点价值的材料中，他们的好奇心得到了满足，想象力得到了发展。

4. 不时启发孩子多角度思考问题

在日常家庭生活中，要经常引导孩子多角度看待事物和分析事物，逐渐养成换一个思路想的好习惯。家里买了一条鱼，可问孩子，除了蒸以外还有什么吃法？茶杯除了喝茶的用途外，你能说出别的用途吗？突然下了一场暴雨,树倒了,菜淹了,这些害处是明摆着的,那么,这场暴雨就没有一点儿益处吗?等等。其实,社会生活和家庭生活中每一个事物,都可以作为启发孩子多角度思维的内容。多角度思考问题,实际上就是进行发散性思维的训练,而培养发散性思维是培养创新能力的前提,因此,家长要注意从小引导和培养。

5. 尽量多点赞许与肯定

父母的赞许与肯定能给予孩子学习、游戏的安全感,使他们感到自己是被接纳的,心情愉快、注意力集中,全身心地投入到学习、游戏中去,特别是在孩子遇到挫折的时候显得尤为重要。在一次元旦家园同乐活动中,一位小朋友不愿意上台表演,正是母亲的陪伴和家长们鼓励的掌声使她大胆地完成了表演,之后她自己也显得异常兴奋,在以后的活动中她显得胆大了许多。孩子在绘画的时候往往“不合常理”,家长要多问几个为什么,允许孩子表达自己,不要以成人的眼光去评价孩子的作品,应顺应孩子的思维、尊重孩子的独特创意,给予赞许与肯定,从而调动孩子的主动性和积极性。

6. 尽量少点管束和限制

父母是孩子的家庭老师,孩子的 切学习活动都要受父母的指导,少用“你应该……”这种方式去教孩子,因为这样父母无形的权威影响对孩子产生了束缚,阻碍了孩子的探索学习,使孩子不敢大胆去尝试各种解决问题的方法。我们曾很多次地听过美国的一位母亲状告老师教她的孩子“O 就是零”的案例,认为抹杀了孩子的想象力。所以说孩子的内心是多彩的:大海可以是黑色的,飞机是可以在水里游泳的……了解孩子,尽量少的管束和限制能促进孩子想象力的发展。

7. 开发孩子右脑半球，挖掘创新潜力

人的大脑分为左右半球，一般来说，人的左脑是语言的脑，是抽象思维的中枢，侧重于阅读、记忆、书写、逻辑思维、数学符号等，对演绎推理、抽象思维、数学运算、形成概念的能力较强，是理性的脑、知识的脑。人的右脑是形象思维中枢，侧重于事物形象的学习和记忆、图形的辨别、几何学的空间感觉，具有鉴赏绘画、欣赏音乐、凭直觉观察事物、综观全局、把握整体等功能，是感性的脑，创造的脑。由于人的大脑两半球分别支配对侧躯体的活动，根据这一特点，家长可以有针对性地安排一些单侧训练活动，比如：经常举左臂、踢左腿、用左手拍皮球、打乒乓球，用左脚跳绳、踢毽子，使左侧躯体各部分运用灵活自如，达到发展右脑、挖掘创新潜力的目的。

新事物和新思想的创造不可能一蹴而就，孩子在创新能力发展的过程中，不可能一帆风顺，会出现各种错误和挫折，在这种情况下，要教育青少年不怕错误，修正错误，树立必胜的信心。

第五章 自信是发展的灵魂

自信是青少年心理素质的核心内容之一，自信的培养与学校、家庭、社会都有密切关系。自信是一种正确、积极的自我观念和自我评价。积极意味着一种对自己的认同、肯定和支持的态度。与自信相对的是“自卑”和“自负”，自卑是对自己的消极认识和评判，是自我贬低、妄自菲薄，对自己的能力估计过低，看不到自己的长处或优势，总认为自己不能或不会。自负表面上近似于自信，但与自信有着本质的区别。自负的人缺乏对自己客观、正确的认识，表现的多是夸张的自己，或是幻想中的自我角色，其夸张和炫耀，本质上正是不自信的表现。

一、有自信，才有发展的可能

自信，简单地说就是相信自己，具体讲就是相信自己所追求的目标是正确的，也相信自己有力量与能力去实现所追求的目标。两千多年前，孟子说“人皆可以为尧舜”，这是一种道德自信心；古人云“天生我人必有才，天生我才必有用”，是一种能力自信心；相信自己有能力与力量把事业搞好，积极努力地去提高做事的效率与效果，是一种事业上的自信心；相信自己能将自己开发新课、研究新事物的工作干好，从而尽最大努力实现自己的人生价值，这是一种创造上的自信心。

自信心是一种态度，是个体在学习和生活过程中通过与他人的相互交往与作用而逐渐形成的，一旦形成，就具有相对的稳定性，成为一种潜在的行为倾向。态度推动着人的行为，具有动力性的影响。因此可以说，自信心对一个人创造力的影响是深远的。只有具备了自信心，才敢去想；只有具备了自信心，也才敢去做。

自信心是成功的先决条件，有一句名言说得好：“他能够，是因为他想他能够；他不能够，是因为他想他不能够。”北宋文学家苏轼说过：“古之成大事者，不唯有超世之才，亦必有坚忍不拔之志。”这种坚忍不拔之志的形成，固然有多种因素，但其关键的因素就是要具有自信心。

美国心理学家曾经做过一项经典实验，他们对 800 人进行了 30 多年的追踪调查，研究结果表明，被调查者成就最大与最小之间最明显的差异不在于智力水平，而在于是否具有自信心、坚持性等良好的意志品质。这就告诉我们，人格因素对一个人的学习与成长有着极为重要的影响。

古希腊著名的雄辩家德摩斯梯尼，幼年时严重“口吃”。在他初出道学习演说时,屡屡遭到听众的哄笑和讥讽,因为他的姿态和声音都十分笨拙。可是,他具有坚定的自信心和顽强的意志力,常常独自一人躲在地下室里,面向墙壁刻苦练习发声和姿态。“纵呼于山巅海崖而使音强,垂剑于肩上而使肩正”,口含小石子练习发音,使发音越来越清楚,呼吸越来越舒展。经过多年苦练,他再去演说的时候,每一次都会赢得经久不息的掌声,终于成为千年以来少有的卓越雄辩家。

从以上两个事例中我们可以发现,一个人拥有自信心对其自身的发展有着多么巨大的作用。在许多成功的人身上,我们也都可以看到这种超凡的自信心,正是在这种自信心的驱动下,他们不但敢于对自己提出高要求,而且能在失败中看到成功的希望,鼓励自己不断努力,获得最终的成功。国内外多少科学家,尤其是发明家,哪一位不是对自己所攻克的项目充满信心?一次又一次的失败只会一次又一次地激发他们的斗志,因为他们相信失败越多,成功距离自己也就越近。

自信心是人的能力催化剂,它能将人的一切潜能都调动起来,将各部分的功能推动到最佳状态。自信心是促使人向上的内部动力,也是一个人敢于创新、取得成功的主要心理因素。对青少年来讲,自信心意味着一个人的发展;对国家来讲,自信心意味着整个民族的发展。

自信心的力量是惊人的,一个对自己的创新能力有巨大信心的人,他可以改变各种条件的不足和恶劣的现状,取得令人难以相信的成就。美国作家马克·吐温评价说:19 世纪最值得一提的人物是拿破仑和海伦·凯勒,因为他们都是凭借自己的信心突破了生命的极限,创造了伟大的成就,获得了常人无法获得的成功。

海伦·凯勒在 19 个月大的时候,一场疾病使她变成了又瞎又聋的小哑巴,但是,在家庭教师安妮·沙莉文的教导下,残疾的她不仅学会了说话,学会了用打字机写稿,成为第一个接受大学教育的盲聋哑人,并且以优异的成绩从大学毕业。海伦·凯勒虽然是位盲人,但读过的书比视力正常的人还多,而且她还写了七本书,比正常人更有创造力,她的事迹在全世界引起了震惊和赞赏,被称为“奇迹人”。

人生本来就是这样，相信胜利，必定成功。相信自己会移山的人，会成就事业；认为自己不能的人，一辈子都会一事无成。自信可以克服万难，突破生命的极限。充满信心的人永远击不倒，因为他们本就是人生的胜利者。海伦之所以能克服眼不能看、耳不能听、嘴不能说等重重困难，除了巨大的意志力外，还有强烈的自信心，她相信她有能力改变人生并获得新生。她有句名言说得特别好："相信自己做得到，你就能做得到。"

无数发明者和创造者成功的事实启示我们，发展固然有种种因素，但自信心是必不可少的条件。如果失去了自信心将导致发展失败；而有了自信心，就有了成功发展的基础。

化学元素周期表是化学界的一项重要成就，但当门捷列夫发现元素周期律后，却有些反对他的人认为，留下那么多空白就表明周期律的不合理和有矛盾，甚至连他的导师也嘲笑他不务正业，但是门捷列夫没有因此而放弃他的科学观点，他根据周期律科学地预言一些当时还没有发现的元素和它们的性质，结果他的预言和后来的实验结论完全一样，周期律也因此被科学界所承认并且引起广泛的重视。

罗巴切夫斯基是俄国数学家，在他发表非欧几何理论之后，非但没有得到众人的承认，反而受到了不少人的攻击，甚至有人还给他戴上"疯子""精神病""怪人"的帽子。但他毫不理会，毫不动摇，信心百倍地坚持研究，终于取得了成功，成为非欧几何学的创始人。而匈牙利青年数学家波里埃 12 岁时就开始研究非欧几何，并取得了一定的成就，但在他父亲的竭力反对以及未能得到别人鼓励和支持的条件下，他丧失了信心，动摇了决心，以致最终放弃了这一有价值的研究。

居里夫人为了提取纯镭，以便测定镭的原子量，向科学界证实镭的存在，曾终日穿着沾满灰尘和污渍的工作服，在极其简陋的棚屋里，用和她差不多一般高的铁条搅动冶锅，从堆积如山的沥青矿废渣中寻觅镭的踪迹。尽管条件极其艰苦，但她心里却充满自信。她对友人说："我们应该有恒心，尤其要有自信心！我们必须相信我们的天赋是用来做某种事情的，无论代价多大，这种事情必须做到。"她终于获得了成功，一举成名。

从以上事例可以看出，自信心在创造发展的道路上具有重要的作用。对青少年来讲，如果缺乏自信心，缺乏上进的勇气，本来可能有十分的激情，结果只剩下五六分甚至更少，长此以往，便会慢慢失去发展的欲望，成为一个被自卑感笼罩着的人，不但会延迟进步，甚至可能自暴自弃，那将是非常可怕的。

在青少年成长过程中，之所以会出现这种现象，有一个重要原因就是他们受到太多贬抑性评价，缺少成功的鼓励和机会。而且，如果父母不注意保护青少年的自尊心，也会使青少年的自信心下降，缺乏自我调控能力。比如说，一个青少年在学校没有受到老师的重视，在团体中没有表现自己能力的机会，或者在老师、爸爸妈妈面前受到太多的批评、指责，甚至讽刺、挖苦，或者受到某种挫折（在幼儿园表现不好被投诉）后没有得到指导和具体帮助，都会伤害青少年的自尊，影响自信。接着又因为表现不佳，招致新的贬抑，形成恶性循环。

自信心在创造发展的道路上具有重要的作用。对青少年来讲，自信心是一种体验，也是一种意志和精神。作为父母，是否给予了青少年自信或者注意培养了青少年的自信心，是父母需要特别关注和重视的事情。

二、青少年失去自信心的原因

自信心对青少年发展力的培养至关重要,但在现实中,却有许多青少年缺乏自信心。究其原因,是父母的许多做法不利于青少年自信心的建立和成长。青少年缺乏自信心,虽然往往有其他多种原因,但作为父母,应该经常反思自己并纠正自己的行为,千万别让青少年失去自信心。

1. 不要过多地斥责和批评

在现实中,我们常常听到青少年这样的强烈抗议声:"为什么老批评我?""我什么优点都没有吗?"因为许多父母常常是"恨铁不成钢",总是盯住自己孩子的短处和缺点,而对他的长处和优点视而不见,充耳不闻,总是觉得"成绩不说跑不了,问题不说不得了"。青少年也是有优点的,但父母总是不说,或是不去注意发现,只是对青少年一味地批评和斥责,长此以往,青少年怎么可能树立良好的自信心呢?特别是父母在批评孩子时有冤枉或不恰当地方,父母却不认账,不放下架子认错,那不仅会伤害青少年的自信心,还会伤害他的自尊心。

著名教育学家塞利格曼指出:父母批评青少年的方式正确与否,直接影响着青少年日后性格是乐观还是悲观。父母对青少年的批评应该恰如其分,不应把几次错误夸大成永久性的过失。父母应该具体指出青少年的错误及犯错误的原因,使青少年明白自己所犯错误是可以改变的,并知道从何处着手改变。

从孩子学会走路时起，父母就应该经常鼓励青少孩子。孩子做事之前，父母说："我相信你一定能做到。"孩子成功以后，应该及时说："你果然做到了，真了不起。"孩子捡起了一块石头，高兴地拿给妈妈看，说："妈妈，你看我捡的石头多么美丽。"妈妈如果说："看你弄得满身是泥。"孩子会不高兴地扔掉石头，垂头丧气地走开了。妈妈要是说："这石头是漂亮，你去把它好好洗洗，那就可以看得更清楚了。"于是孩子探索的积极性和发现事物的自信心就更强了。

父母发现孩子的优点，帮助他扬己之长，鼓励他勇敢地去尝试，逐渐习惯于考虑各种达到成功的途径与可能性，引导青少年把注意力放在追求成功上，而不是先考虑失败了怎么办。

2. 不要过度保护

青少年缺乏自信心，父母对青少年的过度关爱和保护是一个重要原因。

现如今，许多家庭都是独生子女，青少年在家里变成了"小皇帝""小公主"，因而也自然成为爸爸、妈妈、爷爷、奶奶、外公、外婆的聚焦中心，六双眼睛时刻关注着小宝贝的动静，唯恐有点闪失。青少年的能力本来就不足，做起事来笨手笨脚，动作又慢，大人在一旁看着，会情不自禁地发急，往往自己动起手来越俎代庖，这种做法很容易使青少年产生自信危机。因为青少年们都需要一定的空间去成长，去检验自己的能力，学会如何应付危险和突发事件。父母不应该为青少年做任何他自己可以做的事。如果父母过多地做了，就剥夺了青少年发展自己能力的机会，也剥夺了他们的自信心。

父母带孩子在公园里玩，孩子飞快地奔跑，父母着急地喊："宝贝，慢一点儿，小心摔跤！"孩子慢了下来，妈妈牵着他的手继续走。孩子爬到秋千上荡来荡去，妈妈着急地喊："宝贝，慢一点儿，我来帮你。"爸爸小心地摇着秋千。整天,孩子没有跑过,没有爬过,没有跳过,他一点儿也不开心。父母对孩子过分的保护,以致使他失去了对自己的信心。孩子没有被磕碰到,妈妈很放心,似乎觉得自己尽到了责任,但却在不知不觉中伤害了孩子的自信心。

过度保护的另一种表现是怀疑青少年的独立能力,总是不想让青少年独立做什么事情。比如,不想让青少年自己出门,怕他出什么事,说什么"外面有大灰狼""有坏人要把你带走"的谎言,使青少年只能老老实实地待在家里,这样青少年是变得听话了,可是,他的自信心也就无影无踪了。其实,在生活中难免会有些磕磕碰碰的事情,可以说事故是不可避免的,青少年们需要学会怎样去忍受在生活中碰到的伤痛,一个磕伤的膝盖可以痊愈,但是受到伤害的勇气却一辈子不会重新得到。父母应当松开我们对青少年的束缚,让青少年有更多的空间和机会去体验去闯荡,增加他们对自己的自信心。

3. 不要怀疑青少年的能力

现代科学研究已经证明,青少年在小的时候具有巨大的学习与发展潜力。但有好多父母却总是认为青少年年纪小,这也不行,那也不行,不相信青少年。这种认知会直接影响教养青少年的态度和方式,传递给青少年一种消极的心理。所以,父母不要怀疑青少年的能力,而要相信自己的孩子,这对树立青少年的自信心至关重要。

父母应该相信青少年的天赋与能力,放开手培养他们,并经常对他们说:"孩子,你可以的!"青少年都是以别人对自己的看法来认识自己的,只要爸爸妈妈认为他行,青少年就自然会产生自信,并能主动去动手动脑,勇于探索、尝试,从而获得较快发展。另外,许多教子有方的爸爸妈妈,都总结过出这么一条宝贵的经验,那就是他们相信,每个青少年都有一颗向上的心。这一认知也很重要,它能使爸爸妈妈在教育青少年时持积极的心态,去支持、鼓励青少年,使青少年在成长过程中始终保持一种乐观向上的情绪,并充满自信。

4. 不要拿孩子和他人比较

拿自己的孩子和别的青少年比较,以别的青少年之长来比自己的孩子之短无疑为青少年自信心的树立设置了一道障碍。

文文家和强强家是邻居,两个人在幼儿园也是同班,两个小伙伴在一块玩得非常好。一次,在领学期成绩单时,强强的妈妈看到文文的成绩单中有很多A,惊讶地说:"文文真聪明,强强你肯定不行。你看看人家文文的成绩单,你要好好地向人家学习。你平时总是太调皮,上课总是乱动,不专心听讲,你是笨得没办法了。"

在上面的例子里,强强的妈妈犯了几个错误,对强强自信心的培养是十分有害的。首先,妈妈还没有看到强强的成绩单,就非常肯定地说强强一定得了坏成绩,表明妈妈对强强一点信心都没有。可能强强也考了和文文一样的好成绩,但妈妈表现出来的态度会使强强感到受了委屈而放弃努力,并认为自己永远是个失败者。然后妈妈又告诉强强:"你是笨得没办法了。"使得强强更加认为自己是一个毫无价值的青少年,在妈妈的眼中没有地位、不受喜爱,从而使情绪变得更加低落。

拿两个青少年进行比较,不仅对受到打击的青少年不好,对得到赞扬的青少年也十分有害。例如对文文来讲,强强妈妈的比较会使得文文产生更加强烈的愿望,要永远走在强强的前面,使他变得过分地有野心,给自己设置更高的目标,有时候甚至是高不可攀的目标,如果文文不能达到这个目标,同样也会认为自己是个失败者。所以,这种刺激的结果和竞争的办法,对两个青少年都是没有好处的。

父母不要动不动拿自己孩子和别的青少年比,应当多和他的过去比,让孩子看到自己的进步。如果强强的妈妈要鼓励强强,最好的办法是不要再拿他和文文做比较，此类比较是最不明智的，因为青少年自有个性，每一个青少年都应该从他自己的实际基础上发展，而不是做其他青少年的复制品。如果妈妈对强强本来就没有太大信心，还要不时地表现出来，那么她是不可能帮助强强进步的。有效的方法是将两个青少年的进程分开，停止对他们成绩的比较，并关注强强每一个微小的进步，让强强明白，无论他得了几个A，只要他努力了，就是一个成功的青少年。

5. 不要对青少年期望过高

父母对自己的孩子抱有较高的期望与要求，这是可以理解的，但不能期望过高。对青少年发展所确立的标准应考虑他的特点和能力，而不能主观地用过高的标准去要求他们。许多父母对孩子的期望过高，总是把自己的孩子与别的孩子比，恨不得将所有青少年的优点都集中在自己孩子一人身上。这种脱离实际的幻想，当然实现不了。实现不了，屡遭失败，青少年就会产生持续失败的挫折感，积累“我不行”的消极情感体验，让青少年丧失自信心。

每个青少年都各有所长，各有所短，是不一样的。青少年特点的形成因素十分复杂，比如，每个青少年的先天遗传基因不同，后天的家庭经济状况、教育环境、生存空间、社会关系等各方面也都千差万别，所有这些因素，都会反映到孩子的身上，打上深深的烙印。

三、让青少年相信自己最重要

自信心是支撑一个人做任何事的动力，要让别人发现您的孩子并且重视他、相信他，首先您要让他对自己有信心。从青少年的终身发展来考虑，家长如何激发青少年主观上“我能行”的积极因素要比关注他受不受老师重视更重要。您可以参考下面的建议，让您的青少年充满自信，受人重视。

1. 有爱心的青少年受人重视

亲人的爱是青少年信心的依附和支持。您要坚持以耐心、爱心去对待青少年。不要嫌他烦，也不要把自己工作生活中不如意的情绪发泄在青少年身上，更不要以忙、累为借口疏远青少年。请在一天中抽出 10 分钟、20 分钟的时间与青少年交流，听听青少年的倾诉，让青少年感受到您对他的关心。您的爱心会换来青少年对这个世界的关爱，一个有爱心的青少年不管在哪里，都讨人喜欢。

2. 平等，让青少年有自信

应该让青少年感到您对他的重视而非保护，把青少年看成一个独立的个体，让他参与家中一些他能理解的事情的决策。如，“买哪一种灯好看?”“要不要买小自行车?”“你认为今天应该谁洗碗呢?”等等。要允许并鼓励青少年对成人的质疑,并能勇于向青少年认错。在这样氛围中长大的青少年,会时刻感到自己的重要性,如果他的意见被接受、采纳、重视,那么他的自信也会萌发。

3. 多说几遍“我相信你能行”

请相信这句话对青少年有一种潜在的激励力量,您可以不断强调这句话,并在青少年退缩畏难时用它来鼓励青少年。另外,您在日常生活中可以让青少年做一些需要“跳一跳才可以摘到果子”的事。如,青少年会打一个结,就让他学打蝴蝶结;青少年会排列书架上的图书,就再让他学着整理抽屉;青少年会折毛巾毯,就要求他再学着叠薄被子等。让青少年感受到克服困难的喜悦和成功的快乐,产生“我真的行”“原来我也可以干”的体验。

4. 横向比较会打击青少年的自信心

您应该用发展的眼光去看待青少年,把青少年的过去和现在进行纵向参照,及时肯定青少年在任何方面哪怕再小再细微的成功和进步,让他产生自己能行的信心,并不断充实壮大这种信念。切忌横向比较,把自己的孩子与别的青少年进行对比,如,“看,小明上课多会回答问题。”“瞧,小强钢琴比赛得奖了。”“小刚的体育多棒呀,你看看你这样儿,哎……”其实您把您的孩子和所有青少年集中的优势进行了比较,这是不公平的,只会把孩子推向自卑进而否定自己的死胡同。

5. 自信是正视弱点，扬长避短

您应该让青少年树立这样的理念：任何人都会有不懂或不会的地方，也都有比别人厉害的本领，大人和小孩儿都是一样的。如，青少年唱歌跳舞不行，可他画画可以；青少年画画不行，可他故事讲得好；青少年故事讲不好，但他会认很多字；孩子不认识字，但是动作灵敏等，您的孩子总会有一项别人不及之处吧？对于他的弱项只要尽力而为就可以了，对于他的长处就应该努力使之更强、更好。

多点时间与青少年交流，听听青少年的倾诉，让他们感受到您对他的关心。您的爱心会换来青少年对这个世界的关爱，一个有爱心的青少年不管在哪里，都讨人喜欢。只有相信了自己，才能够对自己所做的事充满信心。

四、让青少年抬头挺胸

任何一个人，当他昂首挺胸、大步前进的时候，心里必定有许多的潜台词："无论什么样的困难都难不住我""我的目标一定能达到""我是优秀的"……假如每一个青少年都有这样的心态，肯定能不断进步，成为具有创造力的青少年。

为了能让青少年挺胸抬头，树立自信心，父母必须注意家庭教育。家庭教育对青少年幼儿时期自信心的培养非常重要，因为六岁以下的年纪最需要的是来自家庭的个别教育。在幼儿时期，他们的注意力极易转移，意志非常薄弱，情绪很不稳定，不适合集体教育。另外，他们在动作发展、性格塑造、语言模仿等方面也都离不开父母的个别教育。如果不能每天都得到这种只来自家庭的教育，孩子就会失去成长发展的主要环境。

那么，在家庭教育中，父母应该怎么做才能树立青少年的自信心呢？

1. 尊重青少年

任何人都有自尊和被人尊重的需要，青少年虽小也不例外，因为他们是一个独立的个体，有自己的愿望、兴趣和爱好。而自尊、被人尊重，是产生自信心的第一心理动力。

有一个小男孩儿母亲早亡，跟着一个脾气暴躁的父亲生活。父亲经常打他、骂他，不给他饭吃。他功课不好，被班上同学看不起，他成了一个名副其实的后进生。一位新任老师接班以后，知道了这个情况，就经常到他家里帮他收拾屋子、做饭，让他穿上整洁的衣服。父亲看到老师的所作所为，也慢慢转变了态度。这个男孩儿功课一有进步，老师就表扬、鼓励他，他的成绩越来越好。这个男孩儿在一篇日记里写道："我感觉在老师面前我是一个人，我的头上也有一个太阳。"

这是一个非常令人深思的故事。尽管现在我们的青少年绝大多数没有那个男孩儿的境遇，但是，他们是否得到了应有的尊重？特别是当他们有缺点、有错误、表现不好的时候。而如果得不到应有的尊重，要让青少年有自信，那简直是不可能的。

对于父母来讲，尊重青少年不分优点缺点，也不分时间、不分地点。如果在孩子有成绩时就尊重他，在出现问题时就不尊重他；在某些时候和地点尊重他，却在某些时候和地点不尊重他，那就大错特错了。父母不妨换个角度想一想，自己有了缺点、错误时，希望别人怎样对待自己？

青少年渴望被尊重，首先是被爸爸妈妈和老师尊重。对青少年一点一滴的进步，父母和老师都应及时给予肯定和鼓励，增加其自信心，保护其自尊心。父母也要学会洞察儿童的内心世界，要用商量、引导、激励的语气和青少年交流，要多站在青少年的角度去考虑，而不是将自己的意志强加给青少年。现在，青少年的学习、生活条件好了，但是他们的心理压力、学习负担却重了，因为有些家长不顾青少年的意愿、兴趣，强制他们上各种各样的兴趣班、培训班，扼杀青少年爱玩的天性。原本轻松愉快的双休日反而变成青少年的"苦难日"，青少年不得不从早到晚在作业和兴趣班中周旋。

成人经常把自己的意志强加给青少年，要求青少年达到自己规定的目标，而且常用命令、指责的语气对待青少年，这些都不利于儿童个性的健康成长。而且，尊重孩子，就不能对他们说有辱人格、有伤自尊的话语，"你无可救药了""你是猪脑子""你真没出息""早知你这德性，就不该生你""你把我的脸都丢光了"等等，这些话都应该从父母的语言里消失。父母不能因为孩子小，就随意斥责或辱骂他，特别不要去嘲弄、讽刺青少年，更不能体罚青少年，因为那是最伤害青少年自尊的。

2.经常鼓励,帮助青少年成功

没有鼓励青少年就不能健康成长,因为鼓励是培养青少年、帮助青少年树立自信心的一个最重要方面。每一个青少年都需要不断鼓励,就好像植物需要阳光雨露一样。当青少年试着做一件事而没有成功时,父母应避免用语言或行动向他们证明他们的失败,而应该把事和人分开,做一件事失败了并不意味青少年无能,只不过他还没有掌握技巧而已。如果父母采取指责的态度,青少年的自信心就会受到伤害,这个时候就不像掌握技巧那样简单了。比如青少年不会收拾自己的玩具,爸爸妈妈要做的不是指责他,而是告诉他怎样才能收拾好自己的玩具,紧跟着鼓励他:"这回收拾得真好,又干净又整齐!"鼓励性的语言很多,应该多用、多创造。比如:"你真能干!""好小子,你真棒!""不要泄气,再努力一下就会成功!""没关系,失败是成功之母。""我真为你骄傲!"

在青少年的一生中最能帮青少年树立信心、能起到最好激励效果的,就是他的第一次成功。哪怕是再小的成功,也能增强他的自信。当青少年学会一个字、得到一张奖状、做对一道题、缝好一枚纽扣、擦净一次地板、洗净一双袜子时,他都有成功的喜悦,会期望自己下一次做得更好。在那种时候得到肯定与鼓励,将使他对前景充满信心,从而获得自信。我们做父母的如能帮助青少年获得人生的第一次成功,让青少年品尝到成功的喜悦,他将来一定是个成功者!

作为父母,给青少年帮助,让他有点滴的成功体验,并不是多么难的事情。这就是大处着眼,小处着手,在每一个小小的成功中,积累一分一厘的自信。

另外,父母在培养青少年的自信心时必须与老师配合,让青少年在幼儿园也得到成功的机会,能得到鼓励而不是贬抑。

3. 建立良好的家庭氛围

俗话说:“没有种不好的庄稼,只有不会种庄稼的农民。农民怎样对待庄稼,决定了庄稼的命运。”同样地,父母怎样对待青少年,也决定了青少年的命运。家庭环境、父母的教养态度和方式对青少年健康人格的发展所起作用是巨大的。民主、和谐的家庭气氛有助于儿童生活态度积极、主动,他们能自觉地参与到家庭活动中。为人父母,要营造一个民主的、宽松的、温暖的家庭气氛,重视青少年的身心发展。

父母之间的互相爱护、关心、体谅;父母对长辈的体贴、尊重、照顾;父母对孩子严爱适度,有要求、有疼爱,都能够使青少年正确地认识和评价自己,形成自尊、自信、自主、自控、亲切、责任感等积极情感,而所有这些,对于青少年以后创造力的发展都是极为重要的。

另外,在家庭中,父母还要尽量抽时间多与青少年沟通、交流,带领青少年走出家门,亲子一起放放风筝、做做游戏等。与青少年建立亲密、平等的关系,让他们在潜移默化的教育中陶冶情操,让他们在细节中感到来自爸爸妈妈的温暖与重视,增强青少年独立自主和自信精神。

让每个青少年都抬起头来走路,这是教育界的一句名言,意思是说要教育孩子对自己、对未来、对所要做的事情充满信心,能够树立在以后人生道路挺胸抬头的信心。

五、帮助青少年走出自卑的阴影

为了帮助青少年建立自信，父母必须想办法帮青少年走出自卑的阴影，让青少年相信自己，有勇气、有信心克服困难，排除干扰，大胆作为。在现实中，很多青少年有自卑感，学习成绩差、经常犯错误，有生理缺陷的孩子更是如此。对于这种情况，父母应该多在青少年身上找长处，发现优点；鼓励孩子发扬优点，克服缺点，取长补短，扬长避短，不断奋发上进，对自己、对未来充满信心，而绝不应该对青少年抱有轻视态度，经常讽刺、挖苦、打击青少年。

帮助青少年走出自卑的阴影有下面有几种方法可以借鉴。

1. 扬长避短法

每个人都有自己的长处和优势，所谓“尺有所短，寸有所长”。一个人如果用其所短，舍其所长，就连天才也会丧失信心。相反，若能扬长避短，强化自己的长处，残疾的人也能充满信心，享受成功的快乐。因此，想消除青少年的自卑心理，要善于发现他的长处和优势，并为他提供发挥长处的机会和条件，这也是帮助青少年克服自卑心理的关键。

2. 故事启迪法

当青少年有自卑心理时，可以给青少年讲一些名人的小故事来启发青少年，让他们能够从正反两个方面看问题，而不要只看到自己的短处，认为自己处处不如别人，让青少年能够换个角度看自己。例如下面两个小故事：

林肯是美国历史上最著名的总统之一，但他的相貌很丑陋，常常被他的政敌所讥笑。有一天，他的一位政敌遇到他，开口骂道："你长得太丑陋了，简直让人不堪入目。"林肯微笑着对他说："先生，你应该感到荣幸，因为你将因为骂一位伟大的人物而被人们所认识。"

爱因斯坦是一位杰出的科学家，他小时候在课堂上做手工，老师要求每个学生做一只凳子。全班学生纷纷把做出来的凳子交给老师并得到老师的夸奖，唯有爱因斯坦迟迟才交他的手工活，老师看过之后高高举起，用嘲笑的口气对全班同学说："谁见过世界上比这更丑的凳子吗？"全班同学哄堂大笑。爱因斯坦站起来大声说："有，同学们。"他从抽屉里拿出一只更丑的小凳子高高举起，"这就是我第一次做的凳子"。

3. 改变形象法

心理自卑的青少年，通常说话声音小，吞吞吐吐，走路时不能挺胸抬头。如果能够改变他说话的音量、走路的姿势，便可改变他的心态。有自卑心理的青少年，可以特别注意教育他改变自己的形象：讲话爽快，声音洪亮清晰，穿着整洁大方，走路昂首阔步等。

4. 储蓄成功法

自信也往往是建立在成功经验之上的,科学研究表明,每一次成功后,人的大脑便有一种刻画的痕迹。当人想起往日的成功模式时,可重新获得成功的喜悦。作为父母,如果能够帮助和指导青少年建立成功档案,将每一次的成功与进步都记录下来,积少成多,每隔一段时间就拿出来和青少年一起看看,经常重温成功的心情,可以消除青少年的自卑心理,让他生活在成功的体验之中,并能使他信心百倍地去克服困难。

5. 迎难而上法

有自卑心理的青少年往往是因为看不到自己的长处,这时父母可以鼓励他在自己的长处上多参加一些竞争,让青少年迎难而上,如参加各种形式的考试或画画比赛、体育比赛、知识竞赛、讲演会、小发明、小创造等,帮助青少年与同伴竞争,比试高低,并鼓励青少年做竞争的强者,以增强青少年的好胜心、必胜心,从中培养青少年的自信。

6. 目标分解法

对于自卑的青少年千万不要与他空谈立志的问题,相反,要让他们适当降低目标,将大的目标分解成若干个小目标,做到一个学期、一个月,甚至一个星期都有目标可循。目标变得小而具体,就易于实现,这样青少年就会常拥有成就感,可以更快地进步。

7. 洗刷阴影法

在失败的阴影里是不会让信心滋生的，有自卑心理的青少年遇到挫折与失败的时刻比一般青少年要多，及时洗刷失败的阴影是青少年克服自卑、保持自信的重要手段。洗刷失败阴影的方法很多，较为常见的有两种：一是彻底遗忘，帮助孩子有意将那些痛苦的、不愉快的事彻底地忘记，或是用成功的经历抵消失败的阴影；二是帮助青少年将失败当作学习的机遇，认真分析失败的原因，从失败中学习和吸取教训，总结经验。

父母应该多在青少年身上找长处，发现优点；鼓励孩子发扬优点，克服缺点，取长补短，扬长避短，不断奋发上进，对自己、对未来充满信心，而绝不应该对青少年抱有轻视态度，经常讽刺、挖苦、打击青少年。

第六章 积极促进发展

积极性是青少年学习和发展的动力源泉。教学的目的是通过学生的学习实践得以实现,效果的优劣是学习积极性的直接体现。要想使教学卓有成效,就必须最大限度地调动学生的学习积极性,发挥其最大限度的主观能动性。传统的教学方法和手段在一定程度上限制了学生主观能动性的发挥.具体讲,在相当大的程度上,学生缺乏学习的主动权。在许多方面被限制得过死,从而影响了其积极性的发挥,阻滞了其独具特色个性的发展,制约了特长的发挥,影响了能力的成长与创造性的发育和成长。

一、主动做第一

在日常工作和生活中,青少年应该怎样才能发展成一名优秀的人呢?

想要成为一名优秀的人一定要具备一种率先主动地工作意识。畅销书《致加西亚的信》作者阿尔伯特·哈伯特说过:“世界会给你以厚报,既有金钱也有荣誉,只因为一种小小的品质,那就是主动。”

那么什么是主动呢?其实很简单,主动就是不用别人告诉你,你就能出色地去做。主动不仅是一种做人的态度,也是一种做事的方法,更是一个好习惯。同样的一个工作环境,同样的一份工作,积极主动的人总是能又快又好地把工作做完,从来都不用担心加薪和晋升。那些因为对待工作随便、怠慢而不能晋升的人,完全有能力来改变他们的处境,秘诀是——行动起来,养成做事积极主动的好习惯。

阿尔伯特·哈伯特在年轻时,曾经修理过自行车,卖过词典,做过家庭教师、书店收银员、出纳,还当过清洁员。在他看来,他的工作都很简单,不费精力,而且是下贱和廉价的。但后来,他知道自己的想法是错误的,正是因为他有了这些工作经验,才留给了他很多珍贵的教诲。

记得有一次,他把顾客的购物款记录下来,完成了老板布置的任务后就和别的同事聊天,老板走来,示意他跟上来。然后老板自己就一言不发地整理那批已订出去的货,然后又把柜台和购物车清空了。

就是这样一件事,彻底改变了阿尔伯特·哈伯特的观念,他明白了不仅要做好自己的本职工作,还应该再多做一点,哪怕老板没有要求的,去发现那些需要做的工作。阿尔伯特·哈伯特一直遵循这样的方法和积极主动工作的心态,使他变得更加优秀。

确实如此，主动做事能让你抓住机遇，也能让你一直领先。如果不主动工作，就意味着你丧失了主动权，而被动地去完成一件工作，这样一种工作状态会让人变得懒惰，当人形成一种凡事都要靠别人说才去做的习惯后，就会完全地丧失本来可以握在手中的机会，或许就是因为丧失了这样的机会，才会让你和成功失之交臂。

其实，在工作中，比别人多做一点有时候也只是举手之劳。看到了需要做的工作，想到了需要解决的问题，就不能率先把事情做完，率先把问题解决吗？

人的心理活动说复杂也复杂，说简单也简单，总是会觉得自己凭什么要比别人多做一点，自己为什么就要主动思考问题。其实，每个人都知道，主动多做一点不会让人感觉到多大的不便，只是心理不平衡，认为自己不需要那么做。

反过来呢，当别人因为比自己多做了一点受到嘉奖时，心理的不平衡又跳出来了，这个时候又会在想，那么简单的事情自己也会做，有什么了不起，为什么老板认为他就比自己优秀。

这样的人该怎心态，每天多努力一点，多付出一点，我们才能在工作中争取到更多的机会和益处。

安德鲁·卡内基说："有两种人不会成功：一种是非别人要他做，否则绝不主动做事的人；第二种人则是即使别人要他做，也做不好的人。那些不需要别人催促，就会主动去做事的人，而且不会半途而废的人必将成功。"

是啊，在主动与被动之间，如果选择主动，结果是大不一样的。这种习惯能让人们变得更加敏捷、更加积极，千万不要以为自己能完成老板交代的任务就可以高枕无忧，只有采取率先主动这一战术才能成就优秀。

正如亨利·瑞蒙德一样，亨利·瑞蒙德在美国的《论坛报》做编辑时，一个星期只能挣6美元，但这没有消减他对工作的热情，他总是每天工作很长时间，努力做一些自己力所能及的工作。他在成为美国《时代周刊》的总编后这样说:“为了获得成功的机会,我必须比其他人更扎实地工作,当我的伙伴们在剧院时,我必须在房间里;当他们熟睡时,我必须在学习。”

在自己力所能及的范围内多做一点只会让自己受益无穷,如果带着一种不平衡、计较得失的心态去面对工作,计较比别人多做一点,计较自己拿的报酬少,如果这样,那么只能一直平庸下去,一直抱怨下去。

二、只有行动才能证明自己

著名投资专家约翰·坦普尔顿通过大量的观察研究得出一条结论：取得突出成就的人与取得中等成就的人几乎做了同样多的工作，他们所做的努力差别很小——只是多一盎司。就因为这一点点让工作大不一样。所以，工作中，你能比别人多做一点点，多主动一点点，就会获得不一样的成绩，获得不一样的回报。

一位企业家对自己的员工说过："取得一些工作成绩是一个结果，实现这个结果需要一个过程，它需要人们付出，需要人们主动去做一些相关的工作，如果不主动，怎么能脱颖而出呢？"

是啊，只有一个把自己的本职工作当成一项事业来做的人，才可能有这种宗教般的热情，而这种热情正是驱使一个人去获得成就的最重要的因素。大家对于工作的态度可能局限在怎么样把自己的本职工作做完，但是并没有想过要多干一点点，可是，就是这一点点，让老板对你刮目相看。

这样的现象在生活中比比皆是，很多事情只要能率先主动一点，体现的就是不一样的个人能力和人品。

也许从小到大，许多人都有着很多理想，这些理想也非常可行，但是慢慢地你发现这理想都枯萎了、凋谢了。你或许感到惋惜、感到悲哀。但当你仔细分析原因的时候，会很吃惊地发现，那些理想之所以没有实现，并非没有能力去将它实现，而是一直没有付出过行动，那些理想是被自己扼杀的。

有一个作家对创作抱着极大的野心，期望自己成为大文豪、大作家，但是他的美梦却久久没有实现。他说："因为心存恐惧，我是眼看一天过去了，一星期过去了，一年也过去了，但仍然不敢轻易下笔。"

而另一位功成名就的作家却说："我很注意如何使我的创作有技巧、有效率地发挥。在没有一点灵感时，也要坐在书桌前奋笔疾书，像机器一样不停地动笔。不管写出的句子如何杂乱无章，只要手在动就好了，因为手到能带动心到，会慢慢地将文思引出来。"

行动就是力量，它可以把智慧调动出来，所以只要不再等待、拖延，你会发现其实成功并不是那么遥远。

在一本书上有这样一段话：有机会展现自己的能力是好事，既然有能力，就需要用事实来证明能力的存在。如果一个销售员想要证明自己有能力，就应该每天比别人多访问几个客户，工作成绩提高，能力才得以表现。

人们之所以不肯行动，一般是因为心中的恐惧，不相信自己能做好，不相信能成功。当然，付出行动不一定能够成功，但若不付出行动，就肯定不能成功。因为，无数事实都在证明，只要行动，总会有所收获。

在美国的一个家庭里，有这样两姐妹，她们的父亲是一个不得志的画家，但很有才华。只是生活的窘迫让他不得不赚钱来维持一家人的开销，于是很少有时间作画，只是找一些画来收藏。两个小姐妹整天跟着父亲，对画也有了一些鉴赏的能力。

一天，有同学来找她们，征求她们的意见想借画用用。两个姐便拿出自己收藏的画给她看，并同意把自己的先借给她用。

那天晚上，姐姐推醒了正在熟睡的妹妹："我想到了一个好办法，也许我们应该开一个租赁公司，把我们自己所收藏的画租出去，然后收取租金，这样我们就可以赚到钱了。""的确是个好主意。"妹妹表示同意。

第二天，她们找到了父亲，把想法告诉了他。但父亲不同意，他认为那些名贵的画可能会在出租的过程中受到损坏，或者她们根本就收不回租金，更有甚者还可能引发法律诉讼和保险问题。

但是两个女儿的态度很坚决，她们说服父亲把没有用的仓库借给她们,然后又从父亲所收藏的那些画中挑出1000多幅优秀的作品,将它们装在相框中摆好,然后便开始寻找客源。她们每天都在不停地跑商店、娱乐场所、旅馆、公司等所有能想到的地方,她们还通过同学、老师、朋友等各个渠道来进行宣传。开始是艰难的,因为人们不相信她们,但慢慢地,生意越来越好,大约有500多幅画经常地被出租给商业公司或私人家庭。有些人甚至还慕名前来。后来,她们成立了自己的公司,专门从事图画租赁业务。结果不出两年,便赚取了大量的金钱,生活也大大地改善。她们不但给父母买了一幢新房子,还送给他们一辆车,这样两位老人便可以随时去他们想去的地方了。

事情就是这个样子,只要付出行动,就离成功不远了。两姐妹若当初只是梦想而不去付诸行动的话,恐怕还是摆脱不了贫困的生活,这就是行动的力量。

如果想成功,如果不想再让自己在悔恨中度过,那么就请行动起来,无论想做什么,都不要把它推到明天去做,否则,它便会在时光的消磨中慢慢地死去。

三、成功在于行动

你知道成功的最好方法是什么吗？告诉你吧！成功最好的方法不用问那些成功者，而是立刻、马上去做。

无论我们做什么事情，我们都要有一种积极主动的意识，我们要相信一点：成功完全是自己的事情，没有人能促使一个人成功，也没有人能阻挠一个人达成自己的目标。只有我们把目标、梦想付诸行动，我们才能走向成功。

文学大师鲁迅在一篇叫作《马上日记》的文章中写道："……然而既然答应了，总得想点法。想来想去，觉得感想倒偶尔也有一点的，平时接着一懒，便搁下了、忘掉了。如果马上写出，恐怕倒也是杂感一类的东西，于是乎我就决计，一想到就马上写下来，马上寄出去，算作我的划到簿。"

是啊，"马上"，这就是一个人成功的秘密。所以，请马上行动起来，当你真的将一切付诸行动之后，会发现成功其实就是这么容易。

曾经有一位65岁的老人，从纽约市出发，步行到了佛罗里达州的迈阿密。当她到达目的地时，记者采访了她，想知道她这一路是如何走过来的，到底是什么力量支持着她走完全程。老人回答说："走一步路是不需要勇气的，我所做的就是这样，走一步，再走一步，一直走卜去，结果就到了。关键是，你要有勇气迈出第一步。"

是的，你必须走出第一步，不论用多少时间思考和研究。毕竟只有在行动之后才会有效果。但是，有多少人真正有这种勇气呢？

克里曼·斯通是著名的成功学大师。一次他在墨西哥城访问的时候，遇到了一对夫妇。这对夫妇说他们非常想在加丁区买一所房子，但是没有这么巨大的一笔钱。斯通建议他们读一些励志的书,然后告诉他们可以像自己当年买房那样采用分期付款的方式。

后来他接到了那对夫妇的电话,他们告诉他如今已在加丁区买了一幢房子。他们解释说,星期六的一个傍晚,朋友请他们帮忙开车去一趟加丁区。当时他们并不打算去,但后来一句话给了他们鼓励,那就是"迈出第一步"。于是他们便答应了那位朋友的请求。当他们把朋友送往加丁区的时候,见到了梦寐以求的房子,甚至还有他们所渴望的游泳池。于是便用斯通教授的方法买下了它。而且更为奇妙的是他们住在加丁区的费用比自己以前住房的费用还要低。

事情还没有开始之前,他们就在心里盘算着可能遇到的挫折和困难,最后得出的结论便是:这根本就不可能。恐惧只存在于心中,而人们往往低估了自己的能力。每个人都有巨大的潜能,遇到困难的时候这些能量就会爆发出来,而将自己以为无法克服的障碍、无法解决的困难统统解决。关键是有勇气踏出第一步。

北京通产投资集团老总陈金飞,他认为创业阶段是一个最为艰难的时刻,那时最需要勇气。但是一旦你迈出了这一步,那么离成功就会很近。

陈金飞创业之初根本没有钱,但他没有打过退堂鼓。他的第一间分室非常简陋,在北京郊外高碑店乡一排猪圈的后面。那是大通装饰厂的厂房,房子盖得很随便,根本没有设计图纸。屋内的设备也很简单,只有一个办公桌和几个小板凳,这些都是他用旧物改造来的。最奢侈的家具便是一把老式竹椅。但是就是在这里,陈金飞接待了所有重要的客户,其中还包括外商。

陈金飞的第一笔生意,也是最小的一笔生意,只赚了35元钱。这笔生意就是给北京篮球队印几件跨栏背心的号码。他和工人们一起动手,不到10分钟就干完了。钱到手之后,他们又发愁了,因为这也就意味着他们又要"失业"了。

当时条件那么艰苦,他们却从来没有想到要放弃。陈金飞认为他成功的原因是因为胆量和勇气，当时有好多人条件比他们好，资金比他们雄厚，却没有成功，就是因为他们被自己心中的恐惧束缚住了手脚，没有迈出那关键的第一步。

那时有一个美国发泡印花订单，当时这种发泡技术还没人掌握，就连国营大厂都不敢接，他们怕麻烦，更不愿意冒险。后来，外贸公司找到了陈金飞，问他愿不愿意接，陈金飞毫不犹豫地一口答应下来。但紧接着就发愁了，因为他们根本就不知道怎么干。那时真把他急坏了，他天天跑化工商店，请教工程师们。通过多次的实验，陈金飞终于掌握了发泡所需的各种化学原料的配比和温度。当时听也没有听说过发泡机，所以只好用最原始的工具，电吹风、电烙铁都被搬上了战场，派上用场。车间里经常能听到工人们兴奋的叫声："发起来了！"那神情不像是工作，更像是一群做游戏的青少年。就这样在谈笑间，他们保质保量地做成了近百万元的生意。他们就是凭着这种敢于面对困难的勇气和敢于尝试新事物的胆量，掌握了发泡技术，公司前期几百万亿的收入主要都是来自发泡印花的订单。

一个人要想成功，就要有迈出第一步的勇气，否则只能在成功的门外徘徊。这也是成功者与失败者的不同，成功者与失败者的区别就在于，前者动手，后者动口。人生伟业的建立，不在于能知，而在于能行。

四、珍惜每一分钟

我国伟大的文学家、思想家、革命家鲁迅说过:时间就是生命,无端地空耗别人的时间,其实无异于谋财害命。切莫浪费任何一分钟,因为时间是生命所赖以生存的基础。如果一个人不知道争分夺秒、惜时如金,那么,他就没有奉行节俭的生活原则,也不会获得巨大的成功。

金融大王摩根在近代企业界里,是与人接洽生意用最少时间产生最大效率的人。摩根每天上午 9 时 30 分准时进入办公室,下午 5 时回家。有人对摩根的资本进行计算后说,他每分钟的收入是 20 美元,但摩根说不止这些。他除了与生意上有特别关系的人商谈外,他与人谈话绝不在 5 分钟以上。

通常,摩根总是在一间很大的办公室里,与许多员工一起工作,他不是一个人待在房间里工作。摩根会随时指挥他手下的员工,按照他的计划去行事。只要你走进他那间大办公室,就会见到他,如果你没有重要的事情,他是绝对不会欢迎你的。

摩根能够轻易地判断出一个人来接洽的到底是什么事。当你对他说话时,一切转弯抹角的方法都会失去效力,他能够立刻判断出你的真实意图。这种卓越的判断力使摩根节省了许多宝贵的时间。有些人本来就没有什么重要事情需要接洽,只是想找个人来聊天,因此耗费了那些工作繁忙的人许多时间。摩根对这种人恨之入骨。

是啊,许多成功者都是这样,既不浪费自己的时间,也不会浪费他人的时间。浪费时间是生命中最大的错误,也是最具毁灭性的力量。大量的机遇就蕴含在点点滴滴的时间之中。浪费时间是幸福生活的扼杀者,是绝望生活的开始。实际上,明天的幸福就寄寓在我们今天点点滴滴的时间中。

我国著名的数学家华罗庚说:“时间是由分秒积成的,善于利用零星时间的人,才会做出更大的成绩来。”正是如此,只有掌握时间、珍惜时间的人,生命才会在充实中丰富。同时,生命也在节约中得到延长。

在一本书上,有这样一段话:“今天是短暂的,它只有24小时,或只有1440分钟,或只有86 400秒。这当中,除了睡眠和吃饭,所剩下从事学习和工作的时间只是一个常数,你浪费一分钟,它就少一分钟;浪费一秒钟,它就少一秒钟。

难道不是吗?如果在我们的工作中,我们能够把每一分钟都当成最后一分钟,那么我们就会更加珍惜每一分钟,我们的成功就会加快步伐,离目的地也缩短一分钟。一分钟可以有这些作用:一分钟可以用来鼓励一个人或使之气馁,一分钟足以让人重新选择生活;一分钟有时似乎无足轻重,但当我们向一位永远离去的朋友致敬时就会重视这一分钟;上班是否迟到取决这一分钟时,我们就会珍惜这一分钟;我们也希望时间能多送一分钟给那些将离我们而去的人;在危急时刻;短短的一分钟里甚至可以拯救一条生命。一分钟似乎非常短暂,但有可能在我们的生活中留下深深的印痕。

有一位著名的作家,他在他的书里这样写道:“如果一个人不争分夺秒、惜时如金,那么他就没有奉行节俭的生活原则,也不会获得成功。而任何伟大的人都是争分夺秒、惜时如金。”

正如这位作家所写的一样,小刘也正是因为懂得了争分夺秒、惜时如金,所以他得到的更多。

小刘每天早晨与朋友一起上班,他的动作总是比朋友快,每天他都要在车里等朋友十多分钟。小刘是一个珍惜时间的人,当他发现每天都有这样一段时间可以利用时,他就放了一本英语书在车上,每天看几个单词,学几页英语。小刘的做法,在一段时间内,虽然看不出有多大收获,可是随着时间的增加,他的收获越来越明显。后来,小刘和朋友一起去报考英语考试，那时候他才发现原来每10分钟的英语学习积累所带来的成效是巨大的。

通过小刘的故事，我们也应该想想在吃饭之前的那一段时间和饭后的半小时，甚至是在洗脸间里和午饭休息时的时间！我们就会发现，如果我们能够利用好这些时间，我们就会获得很好的收益。所以，我们要记住，在一天里能用来读书思考的机会多得很。充分利用这些时间，你就会发现，正如小刘所发现的那样，真正的收益来自对零星时间的利用。

人们常常在说“放弃时间的人，时间也同样放弃了他”。一个人如何利用自己时间，决定了他们的成功时间有多长或多短。看看那些在时间面前的弱者吧，他们浪费了许多宝贵的时间，结果他们永远是弱者。

要学会合理地利用用时间，珍惜时间，不要浪费生命中的一分一秒，我们只有努力提高时间的利用率，才能提高我们的生活质量，提高我们生命的价值。

五、养成积极的习惯

任何一个人，想要在公司里打出一片天地，都应该养成积极主动的习惯。当然，在养成积极主动的习惯时，你还要认识到积极主动的习惯会给你带来什么，积极主动的习惯需要怎样才能培养出来。

有许多刚走出学校大门的青年学子，他们怀着满腔热忱进入社会，当他们踏入工作岗位时，就会发现工作中的挫折与困难，有许多人就会出现自信的缺乏，没有勇气等等的消极心理。对于工作，他们不会想方设法地去完成，也不会去做一些和他们有关但并不是分内的事，只是一心地等着上司的安排，他们认为这样会安全一些。也不必担心自己的工作出了纰漏会承担什么责任。这种看似非常稳妥的想法，实际上却是不够积极主动的表现，他会直接影响到一个人的事业高度。因为，一个没有独立人格，没有独立思考能力的人，只能作为领导的附属物存在，一旦这种附属关系受到威胁时，被淘汰就会成为最直接的结果。所以，在工作之初就要养成对目标压力的敏感，养成积极主动的习惯，善于动脑筋解决生活中的问题，这样才能很快地适应身边复杂的环境。

威尔福莱特·康前半生奋斗了40年，成为全世界织布业的巨头之一。尽管事务十分忙碌，但他仍渴望有自己的兴趣爱好。他说："过去我很想画画，但从未学过油画，我也不敢相信自己花了力气会有很大的收获。可我最后还是决定了，无论作多大牺牲，我总积极地把每一天的工作努力、快速地完成，把多余的时间用来画画并争取晚上能提早休息，用来换取明天早上的早起。"

威尔福莱特·康也因此养成了一个积极的习惯，他为了能在一种清静的环境下画画，他总是在清晨4时左右就起床，一直画到吃早饭。为此，他说道："其实那并不算苦，一旦我决定每天在这几小时里学画，每天清晨这个时候，渴望和追求就会把我唤醒，怎么也不想再睡了。"

他把顶楼改为画室，几年来从来没有放弃过这种积极的习惯。他因此也得到了惊人的收获。他的油画大量地在画展上出现了，他还多次举办了个人画展。其中有几百幅画被高价买走了。

威尔福莱特·康正是告诉了我们，养成一种积极的习惯，是成功的必要因素之一。在当今这个社会，培养一种积极的习惯无疑是一种获取提升的更好途径。积极的习惯不仅能够使你更快地得到发展，更能快速地提升自身的能力。

在新的环境中，要设法给自己创造一个宽松的环境，接纳自己在遇到挫折后的一切反应和表现，哪怕有些表现较为"懦弱"，也不必因此责备自己。允许自己"狼狈"，允许自己摔跟头，允许自己不自信，给自己时间改进和提高，这样才会更快地适应当前环境，才会有发展的希望。

第七章 勤奋是发展的过程

只有勤奋，才能塑造人才；只有勤奋，才能改变人生；只有勤奋，才能出类拔萃：只有勤奋，才能创造价值；只有勤奋，才能获得成功；只有勤奋，才能战胜困难。因为世上无难事，只怕有勤奋之心的人。爱因斯坦曾经说过："天才是百分之一的灵感加百分之九十九的汗水。"是啊，勤奋出人才、出天才，出过蠢才吗？答案是否定的，没有！只有勤奋，才能完成普通人所完成不了的事，做别人做不了的事情，铸就最完美的勤奋的人。

一、发展始于勤

韦尔奇有一句话这样说:“勤奋就是财富,勤劳就是财富。”是啊,许多人拥有的财富,都是通过自己不懈的努力而取得的。

但是,许多人总是在责怪命运的盲目性,其实命运本身远不如人那么具有盲目性。了解实际生活的人都知道:天道酬勤,财富掌握在那些勤勤恳恳工作的人的手中。无数事例表明,在获得巨大财富的过程中,一些最普通的品格,如公共意识、注意力、专心致志、持之以恒等,往往起着很大的作用。即使是盖世天才也不能轻视这些品质的巨大作用,一般人就更不用说了。事实上,那些真正的天才恰恰相信常人的智慧和毅力的作用,而不相信什么天才。甚至有人把天才定义为公共意识升华的结果,正如波思认为:“天才就是勤劳。”

刚10岁的钢铁大王安德鲁·卡内基为了给家里分担一些负担,他选择了进入工厂做童工,当时他进入了一家纺织厂,每月只有7美元的薪水。为了挣到更多的钱,安德鲁·卡内基又找了一份烧锅炉和在油池里浸纱管的工作,这份工作每个月只比纺织厂多挣3美元。油池里的气味令人作呕,加煤时锅炉边的热气,使安德鲁·卡内基即使光着身子也不停地流汗,可是他一点都不在乎,仍然努力地工作着。当然,他内心很不愿意就这样度过一生。

为了能找到挣钱更多的工作,安德鲁·卡内基在劳累一天后,晚上仍然要坚持去夜校参加学习,每周有3次课。正是这每周3次的复式会计知识课给安德鲁·卡内基成立他巨大的钢铁王国打下了坚实的基础。

1849年,安德鲁·卡内基迎来了他的第一次机会。那年冬天,他刚从夜校回家，姨夫给他带来了一个很好的消息，说匹兹堡市的大卫电报公司需要一个送电报的信差。安德鲁听到这个消息，非常高兴，因为他知道机会来了。

一天后，安德鲁穿上了他很长时间都不舍得穿的皮鞋和衣服，在父亲的带领下来到了大卫电报公司。安德鲁为了给面试者一个良好的形象，他让父亲在大门口停了下来，他对父亲说："我想一个人进去面试，父亲德就在外面等我吧！我对自己有信心。"其实，安德鲁这样做不只是给面试者一个好的形象，更加重要的是他害怕自己的父亲说些不得体的话冲撞了主管，使他失去这次机会。

安德鲁一个人到了二楼面试，面试的人正好是大卫电报公司的拥有者大卫先生，大卫对这个面试者先是打量了一番，然后问安德鲁："匹兹堡市区的街道，你都熟悉吗？"

安德鲁对于匹兹堡市的街道一点儿都不熟悉，但他语气坚定地对大卫说："不熟悉，但我保证在一个星期内熟悉匹兹堡的全部街道。"然后又对他自己的形象补充道："我个子虽然很小，但比别人跑得快，您不用担心我的身体，我对自己很有信心。"

大卫对于安德鲁的回答非常满意，然后笑着说："好吧，我给你每月12美元的薪水，从现在起就开始上班吧！"

大卫的认可，使安德鲁的人生迈出了第一步，而这时的安德鲁才14岁，对于现在的人来说，14岁刚好从小学毕业进入初中的学堂。

一个星期很快过去了，安德鲁也实现了对大卫先生的承诺，他完全熟悉了匹兹堡的大街小巷。安德鲁在熟悉了市内街道一星期后，又完全熟悉了郊区的大小路径，就这样安德鲁在一年后升职为信差的管理者。

安德鲁在工作中的勤奋很快得到了大卫的赏识。一天，大卫先生单独把安德鲁叫到了办公室，对他说："小伙子，你比其他人工作更加努力、勤奋，我打算给你单独算薪水，从这个月开始你将会得到比别人更多的薪水。"当时安德鲁很高兴，那个月他得到了20美元的薪水，对于15岁的卡内基来说，这20美元可是一笔巨款。

在工作期间，安德鲁每天都提前一至两个小时到公司，他会把每一间房屋都打扫一遍，然后悄悄地跑到电报房去学习打电报。对于这段时间安德鲁非常珍惜，正是这样日复一日地学习，他很快就掌握了收发电报的技术，以后的日子他的技术越来越好。后来安德鲁成了公司里首屈一指的优秀电报员，而且职位再一次得到了提升。

在电报公司工作的这段时间，对于安德鲁来说是他"爬上人生阶梯的第一步"。在当时，匹兹堡不仅是美国的交通枢纽，更是物资集散中心和工业中心。电报作为先进的通信工具，在这座实业家云集的城市里有着极其重要的作用。安德鲁每天行走在这样的环境里，使他对各种公司间的经济关系和业务往来都非常熟悉，也使得他在无形中学到了更多的管理经验，使他在日后的事业中得到更多的益处。

许多人总是在责怪命运的盲目性，其实命运本身远不如人那么具有盲目性。了解实际生活的人都知道：天道酬勤，财富掌握在那些勤勤恳恳工作的人的手中。每一个人只要在生活或学习中比他人更努力、更勤奋，就能够获取更多、更大的成就。

二、勤奋是金

人世沉浮如电光石火，尊者变卑，卑者变尊，这种盛衰起伏的变幻如沧海桑田，变幻无常。昔日的王侯显赫之家今日身居陋巷无人问津。自古以来，这种情况真是太多太多了。古来多少英雄豪杰、名臣重将都是出身寒微、起于乡野。总而言之，这些事实的变迁都源于勤奋。

正如哈默曾经说过："幸运看来只会降临到每天工作14小时，每周工作7天的那个人头上。"在他的一生中，他是如此说的，也便如此做的，他90多岁时仍坚持每天工作十多个小时，他说："这就是成功的秘诀。"股神巴菲特也认为，培养良好的习惯是获得成功很关键的一环。一旦养成了这种不畏劳苦、敢于拼搏、锲而不舍、坚持到底的劳动品性，无论我们干什么事，都能在竞争中立于不败之地。古人云："勤能补拙是良训"，讲的也正是这个道理。

还有这样一句话："勤奋是金"。我们只有通过不断的努力，才能使自己变成一块金子。一个芭蕾舞演员要练就一身绝技，不知道要流下多少汗水、饱尝多少苦头，一招一式都要经过难以想象的反复练习。著名芭蕾舞演员祺妮在准备她的夜场演出之前，往往要接受父亲两个小时的严格训练。歇下来时，筋疲力尽的她想躺下，但又不能脱下衣服，只能用海绵擦洗一下，借以恢复精力。当她在舞台上时，那灵巧如燕的舞步，往往令人心旷神怡，但这又来得何其艰难！台上一分钟，台下十年功！

所以说，如果想做一个不同凡响的人，就必须投身于你的工作，不管你愿意不愿意。早晨、中午和晚上都得如此，没有任何的休息娱乐时间，只有十分艰辛的劳动。对金钱的任何崇拜，在一个艺术家的艺术生涯中，是不可能使他做到自我控制和勤奋用功的。许多心灵高尚的艺术家宁愿顺应自己天性的癖好,也不愿和公众讨价还价。不断重复是在艺术领域获得成功的主要条件之一,正如在生活中一样,一个被社会所遗忘并被人们鄙视的人成了一个有口皆碑的艺术天才!如果你是天才,勤奋则使你如虎添翼;如果你不是天才,勤奋将使你赢得一切。许多艺术家在成功之前都曾遭遇过最能考验他们勇气和耐力的贫困生活。

美国著名的废奴主义者布朗小时候为了到书店买一本希腊文的书,连夜赶了30千米的路。书店老板盯着这个头发蓬乱、衣衫不整的牧童,很奇怪这个乡下青少年怎么会提出这样的要求。于是,老板就和众人一起开始嘲弄他。这时进来一位大学教授,当他知道布朗的要求后说:"这样吧,如果你能念出这本书的一行诗句,而且把它翻译出来,我就把这本书送给你。"人们惊讶地看到,这青少年从容自若地接连念完并且翻译出好几行诗句。于是,他自豪地拿到了自己应得的奖品。他是在放牧的时候学会希腊文和拉丁文的,这给他赖以成名的丰富学识打下了基础。

在我们的人生旅途中,最后我们都会发现"勤能补拙","勤奋可以创造一切"这样的感悟。但是,我们会从中受到多少启发呢?我们依旧在工作中偷懒,依旧好逸恶劳。甚至有人把工作当成是一种惩罚,这样的工作态度,可能获取成就吗?

在这个竞争日趋激烈的社会中要想立于不败之地,唯有依靠勤奋的美德,认真地完成自己的目标,才能不断地进取与发展。任何成功都不是轻易获得的,任何巨大的财富都不可能唾手而得,都是要经过勤奋和磨炼才会有所收获。

三、“惰”与“勤”

勤奋工作是我们心灵的修复剂，它可以让生理和心理得到补偿。可惜的是，人们只对那些受人关注的领域感兴趣，而不大愿意经受艰辛劳作的磨炼。殊不知，它却是对付惰性的绝好武器。

当然，懒惰的人不是天生的，因为正常人都希望有事可做，就像大病初愈的人总是希望四处走走，做点事情一样。从某个方面讲，懒惰的人不是健康有问题，就是不喜欢自己所从事的工作。

勤和懒的区别，从远古时代就存在了。勤奋，就如同原始人的钻木取火一样，用一根木头猛钻木板。人们告诉你，这样可以产生火种，但谁也说不准要钻多久才能生出火来。有的原始人耐不住了，于是扔下木头，吃生肉去了，最终仍为兽。有的原始人坚持不懈，于是木头终于着了，带来了火的文明，勤劳者吃上熟食，最终进化为人。

在我们的工作中，同样存在着这样的区别，有的人工作到一定程度就放弃了，认为他的努力不会出成果。事实上，这是一种对懒惰认同，也是一种推诿责任的做法，它会让你不受指控而仅做出一个道歉而已。这样可以把本应由他承担的责任转移到别人头上，一旦产生纠纷，他就很容易脱身，这里似乎很适合引用圣·弗兰西斯的一句话：“真正的绅士可以原谅除自己之外的任何人。”

在一些书籍上，我们经常能够看到一些主人尽管出身卑微，成功的道路上充满艰难险阻，但他们用顽强的意志来勤奋学习，努力奋斗，锲而不舍，最终获得了成功。林肯就是其中的一位。

幼年时代，林肯居住在一所极其简陋的茅草屋里，没有窗户，也没有地板，用当代人的居住标准来观察，他简直就是生活在荒郊野外，过着野人般的生活。他的住所离学校非常远，一些生活必需品都相当缺乏，更谈不上可供阅读的报纸和书籍了。然而，就是在这种情况下，他每天还持之以恒地走二三十里路去上学。为了能弄到几本参考书，他不惜徒步一二百里路。晚上，他只能靠着木柴燃烧发出的微弱火光来阅读……

众所周知，林肯只受过一年的学校教育。在这种艰苦的环境中，他始终努力奋斗，自强不息，最终成为美国历史上最伟大的总统之一。

享受生活固然没错，但怎样成为领导眼中有价值的职业人士，才是最应该考虑的。一位有头脑、有智慧的职业人士绝不会错过任何一个可以使自己能力得以提高、才华得以展现的工作机会。尽管这些工作可能薪水微薄，可能辛苦而艰巨，但它对意志的磨炼，对我们坚韧性格的培养，都是极有价值的。所以，正确地认识你的工作，勤勤恳恳地努力去做，才是对自己负责的表现。

所以说，任何人都要经过努力才能有所收获。世界上没有免费的午餐，只有努力奋斗，才能走上成功发展之路。

有这样一句话："对于生性懒惰、从不认真工作的人，生活的大门是关闭的。"所以，每个人必须竭尽全力，勤奋工作。因为，工作是维系我们生存的根本。

微软公司总裁比尔·盖茨这位世界首富也说过一段精辟的话，他说："我这一生只敬重两种人，没有第三种。第一种是不辞辛劳的劳动者，他们勤勤恳恳，默默无闻，日复一日，年复一年，在改造自然的过程中，活出了人的尊严。我非常敬佩那些从事繁重劳动的体力劳动者。我敬佩的第二种人，是那些为了人类能有一个独立的、丰富的精神世界而孜孜求索的人。他们的劳动不是为了一日三餐，却是为了增加生命的养分。稍事劳作就可以满足日常生活的需要，难道就不需要用艰苦而又神圣的劳动，去换取轻松的精神生活和内心自由了吗？我只敬佩这两种人。"

不是吗？对于这两种人，从来都是受人尊重的，只有那些不想劳动，懒散的人才会受到大部分人的排斥。

正如美国著名小说家马修斯在他的小说里所说："勤奋工作是我们心灵的修复剂，可以让生理和心理得到补偿。可惜的是，人们常常只对受人关注的行业感兴趣，而不再愿意经受艰辛劳作的磨炼。但它却是对付懒散的最好武器。有谁见过一个精力旺盛、生活充实的人，会苦恼不堪，还有对胜利充满渴望的士兵会在乎一点儿小伤。这是为什么呢？当你的精神专注于一点，心中只有自己的事业，其他不良情绪就不会侵入进来。"事实证明，的确是这样，要勤奋我们就要工作，自然在工作当中，我们就会发现，工作可以使人肌肉发达，身体强壮，精神愉快，思维敏捷，判断准确；还可以唤醒沉睡已久的创造力，激发雄心，把更多的聪明才智发挥到工作中去。正是工作，才能使人觉得自己是一个人，必须从事工作，承担责任，这才能显示出人的尊严与伟大。

远大集团的张跃也说过："勤奋是一种美德，只有那些辛勤耕耘的人才会有很好的收获，而且你的付出必须都在收获之前。"是啊，任何人都不要指望侥幸，不要指望去逾越自然法则，或者说先收获后耕耘，这是不可能的，或者说只收获不耕耘，这是更不可能的了。

我常常在公交车上听到一些年轻人说："我们老总常常说工作要勤奋，工要努力，对于我来说，我干吗要勤奋，干吗要努力啊，我只要做做样子就可以了，每个月老板就给了我那么一点工资，我怎么勤奋得起来？给多少钱，就做多少事。勤奋，除非他们是傻子。"从这个人所说的话，我们可以看出，他的观点就是他只为钱而工作，不是为工作而工作。"拿多少钱，做多少事，钱越拿越少；做多少事，拿多少钱，钱越拿越多。"这是我在一本书中看到的，此话的确有道理。如果你选择前者，你的钱只会越拿越少。这就是为工资工作的结果。你愿意工资越拿越少吗？如果你不愿意，就得确立对工作的第一个态度：千万不要为工资，也就是为薪水而工作。因此，我们一定要认识到所有的工作都没有捷径，只有苦干，才能走向成功。这些用薪水来衡量自己所做的工作是否值得的人，他们忽略了一些更为重要的东西，比如你的勤奋带给公司的是业绩的提升和利润的增长，而带给你的是宝贵的知识、技能、经验和成长发展的机会，当然随着机会到来的还有财富。实际上,在勤奋中你与老板获得了双赢,勤奋不只是为老板负责,更重要的是对自己负责。

另外,还有一些人抱有这样一种想法,我的老板太苛刻了,根本不值得如此勤奋地为他工作,然而他们忽略了这样一个道理:工作时虚度光阴会伤害你的老板,但受伤害更深的却是你自己。

一些人花费大量精力来逃避工作,却不愿花相同的精力努力完成工作。他们以为自己骗得过老板,其实他们愚弄的只是自己。老板或许并不了解每个员工的表现或熟知每一份工作的细节,但是一位优秀的管理者很清楚,努力最终带来的结果是什么。可以肯定的是,升迁和奖励是不会落在懒惰者身上的。

试想,一个公司不大可能因为你一个人的懒惰而一败涂地,但是因为你个人的懒惰,你可能一辈子都一事无成。所以,你用不着抱怨,更不用自怨自艾,你需要做的仅仅是勤奋地工作。

千百年来,除了勤奋工作,还有什么能够给我们带来繁荣充实?它为贫穷的人开创了新的生活,它使千百万人免于死亡,特别是为整个社会创造了无尽的财富。

四、让惰性消失

从古至今,我们从那些中外伟人的身上,都可以找出成功的某些偶然性,但他们每一个人都才学广博,勤于耕作,这又体现了成功的必然性。凡是能创造最好的自己的人,他们的机遇虽然各有不同,但他们勤奋不懈的努力却是相同的。从他们的身上,也得到了这样一个启示:大凡有所作为的人,无一不与勤奋有着难解难分的缘分。勤奋能塑造伟人,也能创造一个最好的自己。

勤奋是一种财富,也是一份成功。但与勤奋对立的却是懒惰,懒惰是个很有诱惑力的东西,任何人都会与它相遇。比如:周六、周日在家休息时躺在床上不想起床;今天能做的事,推到明天去做;吃饭的时候10分钟能吃完,但是你吃了1个小时;自己看不懂的英语单词等着上学后问老师或同学等等。懒惰是人类最难克服的一个敌人,许多本来可以做到的事,都因为一次又一次的懒惰而错过了成功的机会。

佛祖释迦牟尼在众弟子面前一边敲木鱼,一边念经。一段时间后睁开眼看着众弟子讲道:“弟子们可有谁知道,为什么念佛时要敲木鱼?”

众弟子你看看我,我看看你,没有谁能答上来。

佛祖又继续说道:“名为敲鱼,实则敲人。”

这时一个弟子问道:“那为什么不敲其他物种呢?”

佛祖笑了笑,对众弟子说:“鱼儿是世间最勤快的动物,整日睁着眼,四处游动。这么至勤的鱼儿尚且要时时敲打,何况懒惰的人呢!”

佛祖释迦牟尼讲的敲打,就是我们现在所讲的鞭策。人一生要勤奋就要不断地鞭策自己,克服懒惰的毛病。

惰性是每个人身上都时隐时现的敌人，有很多人无法靠一般的鞭策来调动干劲，因此无法打败惰性。但是我们要成功就必须让惰性从身上消亡，否则永远得不到成功。

就人们对于命运的主宰能力和程度来说，在达到一定的发展层面之后，特别是进入了享受上的层次之后，就会开始出现动力上的不足，也就是出现一定的惰性。为此，在这个时候就需要进行“激活”，也就是刺激。要通过强烈而有效的刺激，达到对人们的动力的调动与唤醒，消除惰性。

动力的激发方式因国家、文化而定，中国现行的一些做法就有三种模式：一种是奖励机制，这种奖励机制，又有两种方式，一种是物质方面的刺激，另外一种是精神方面的刺激；一种是回报机制，例如现在很多小公司对销售人员的提成，让你天天有回报，天天有赚头，如果你不去努力那么你什么也得不到；一种是嫉妒激发机制，这是一种舆论导向式的东西。这三种模式都可以调动人的积极性，激活人内在的动力，从而消除惰性。

勤奋能使人成功，惰性却能让一个人停止发展的脚步，所以只有去除自身的惰性，敢于勤奋，你才能有更好的发展。勤奋可以调动人的积极性，激活人内在的动力，从而消除惰性。

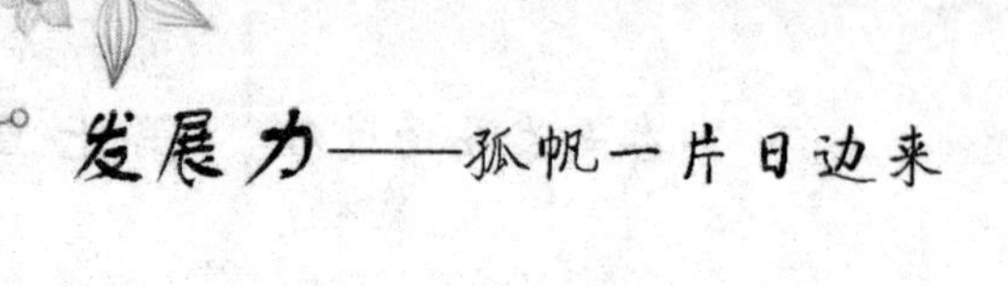

五、不要拖拉和逃避

所有懒惰者的重要特征之一就是拖拉,前天的事往往拖到后天才能完成。富有进取精神的人一般都特别厌恶拖延。克服拖拉的方法就是立即行动！因为处境的改变源于你的行动。

拖延的习惯无处不在,如果你是一个细心人,你将发现,拖延正在无形之中挥霍着我们的生命。所以,任何人都应极力避免养成拖延的恶习。受到拖延引诱的时候,要振作精神,勤奋去做,并且不要想着去做最简单的事,应该去做最难的,在做的过程中,你一定要坚持下去。这样,自然就会克服拖延的恶习。拖延往往是最可怕的敌人,它是时间的偷盗者,它会让你一无所有。

有这样一段话:"贪图安逸将会使人堕落,无所事事会令人退化,只有勤奋工作才是最高尚的,才能给人带来真正的幸福和乐趣。"确实如此,所以当那些懒惰的人意识到这一点,并开始改掉自已好逸恶劳的恶习,努力去寻找一份自己力所能及的工作时,境况也会逐渐有所改变。

当然,在生活中有不少人都养成了拖延的习惯,当拖延形成习惯的话就会削弱人的意志,使人失去信心,怀疑自己的能力。当然,有时候思考过多、犹豫不决也会造成拖延。谨慎小心是必要的,但过于谨慎小心则会造成不良后果。

要想尽办法不拖延,在考虑清楚后立即动手。不给惰性任何机会是对付惰性的最好办法,要把惰性扼杀在萌芽状态,不让它有任何可乘之机。这是个奇怪的现象,精于寻找种种借口的人不可能做好工作。如果他们能将如何欺瞒他人所费的心思放到工作上,他们将取得巨大的成就。

拖延的习惯往往会妨碍人们做事的进程,因为拖延会摧毁人的创造力。其实,过分的谨慎与缺乏自信都是做事的大忌。放着今天的事情不做,非得留到明天去做,其实在这个拖延中所耗去的时间和精力,就足以把今日的工作做好。所以,把今日的事情拖延到明日去做,实际上是很不合算的。

所以说,从你的个性中根除拖延的习惯吧,否则的话,它会吞噬你的意志,使你难以取得任何成就。克服这种恶习的方法有三种:

首先,每天要做一件不必由他人指导就能积极完成的工作;其次,每天至少找出一件对别人有益的事,但不要期望报酬;最后,每天要至少告诉一个人这种主动工作的习惯。

决定好的事情拖延着不去做,往往还会对我们产生不良的影响,唯有按照既定计划执行的人,才能提升自己的品质,才能使他人景仰。其实,人人都能下决心去做大事,但只有少数人能够一以贯之地去执行,同时也只有这些少数人才是最后的成功者。

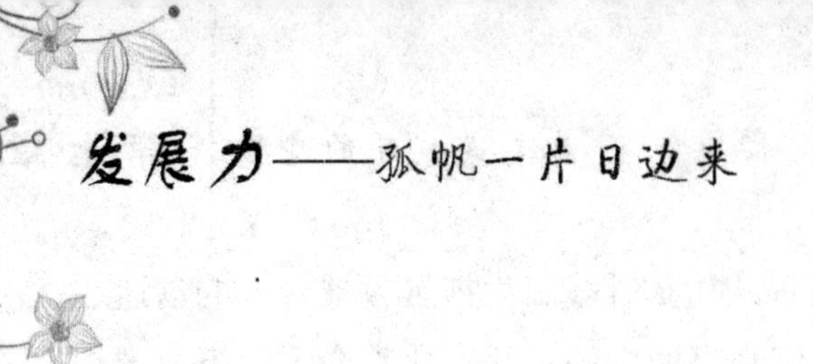

六、吃得苦中苦，方为人上人

勤奋是成就大业的钥匙，凡是有所成就的人，往往都是刻苦勤奋、努力的人。他们的成功都是用他们辛勤的汗水换取的。有这样一句话：“吃得苦中苦，方为人上人。”所以，只有勤奋努力，才会有所收获。

有这样一个人，公司破产了他很伤心，朋友为了让他找回以前的自信心，于是劝他出去旅游散散心，这个人听从了朋友的劝告去了南方游玩。

这天，他走到了一个湖边，那儿有一个老人在钓鱼，看到年轻人一脸的疲劳，于是问道：“年轻人，你这么年轻为什么不快乐地生活，而是选择疲劳地度过一生呢？我在你的脸上看到了许多忧愁，有什么事，说出来让我听听。”

年轻人对老人说：“人生总不如意，活着也是苟且，有什么意思呢？我辛辛苦苦建立的事业现在破产了，我还有什么希望呢？”

老人静静地听着年轻人的叹息和絮叨，然后转过身去，在他身边的茶杯里给他泡了一杯茶递给年轻人，年轻人接过茶杯，可是他看到茶杯里的茶叶是浮在水面上的，于是问老年人：“老人家，为什么你泡的茶，茶叶浮于水上呢？”

老人笑而不语，一直看着年轻人，并让年轻人喝茶水。年轻人喝了一口后对老年人说：“一点茶香都没有。”

这时老人说话了：“这可是名茶铁观音，怎么会没有茶香呢？”

年轻人又端起了茶杯品尝起来，然后肯定地说：“真的没有一点香味啊！不是你拿错了茶叶？”

这时，老人转过身子，把泡茶叶的水重新烧了一会儿，当水沸腾起来时，老人又取了一个茶杯，再泡了一杯茶。同样的茶杯，同样的茶叶，这时年轻人看到的却是一杯茶叶沉于杯底的茶水，而且还有丝丝清香飘散出来。

年轻人很想端起茶水尝尝，可是老人挡住了他，又提起水壶把沸腾的水倒了一些进去，这时茶杯里的茶叶上下翻腾，茶香也更加浓了，老人连续倒了3次，杯子里的茶水刚好漫到杯口，于是让年轻人端起来品尝。这时年轻人喝到的是香浓的茶水，于是问老人："为什么同样的茶叶，同样的茶杯，同样的水，沏出来的茶水却不相同呢？"

老人点了点头，然后对年轻人说："水的温度不同，则茶叶的沉与浮就不一样。温水沏茶，茶叶浮于水面上，这样的茶水怎么会散发出清香呢？沸水沏茶，反复几次，茶叶沉沉浮浮，上下翻腾，它的茶香肯定会散发出来。

"生活也是如此，在生活当中，你自己的功力不足，勤奋不足，要想处处得力、事事顺心根本不可能。所以要想得到收获，你需要勤奋、努力提高自己的能力。"

年轻人听了老人的话，脸上展现出无比的自信，告辞了老人之后就回到了家里。

从此，他做事勤奋，常常向一些前辈请教。不久之后，他重新成立了一个公司，这个公司也得到了很好的发展。

从某种程度上说，是梦想在催促着我们！千万不要因为自己小有成就，有财富了，有可以支配人的条件了，就放弃自己的努力和勤奋。

在我们的生活中，有很多作出巨大贡献的人，他们都是终生努力的。看看那些不努力的人，尽管他们资本雄厚，由于好吃懒做，结果一生也只能庸庸碌碌。

另外，在我们的工作中，我们要时常提醒自己要努力奋斗，只有这样，我们才能得到自己想要的。

以前有一个国王，发布诏书，要求把全国所有的智慧、哲理编辑起来。3年后，这些汇编的智慧和哲理共有10本书之多。国王认为太烦琐，于是精简到一本书，觉得还是不够精练，于是又精简到一页，国王还要求修改，最后只剩下一句话，这句话就是：天下没有免费的午餐。可是国王还认为太长，最终修改到一个字，那就是：勤。

勤奋是成就大业的钥匙，凡是有所成就的人，往往都是刻苦勤奋、努力的人。他们的成功都是用他们辛勤的汗水换取的。不断提醒自己努力的人最终都成功了，即使不是百万富翁，他的生活也是富足而充实的。